城乡建设工程及产品标准目录

住房和城乡建设部标准定额研究所　编

中国计划出版社

图书在版编目（CIP）数据

城乡建设工程及产品标准目录 / 住房和城乡建设部标准定额研究所编. -- 北京 : 中国计划出版社, 2019.9
ISBN 978-7-5182-1068-8

Ⅰ. ①城… Ⅱ. ①住… Ⅲ. ①城乡建设－建筑工程－标准－中国－目录②城乡建设－工业产品－产品标准－中国－目录 Ⅳ. ①TU984.2-65②F426.9-65

中国版本图书馆CIP数据核字(2019)第195041号

城乡建设工程及产品标准目录
住房和城乡建设部标准定额研究所 编

中国计划出版社出版发行
网址：www.jhpress.com
地址：北京市西城区木樨地北里甲11号国宏大厦C座3层
邮政编码：100038 电话：（010）63906433（发行部）
北京市科星印刷有限责任公司印刷

880mm×1230mm 1/16 10.75印张 312千字
2019年9月第1版 2019年9月第1次印刷
印数 1—3000册

ISBN 978-7-5182-1068-8
定价：66.00元

前　言

城乡建设标准是标准化工作的重要组成部分，在促进城乡可持续发展、保证工程建设质量安全等方面起到了重要的支撑作用。经过几十年发展，工程建设标准数量逐年增长，为使城乡建设领域广大工程技术人员、科研管理人员及时了解标准最新动态，全面掌握现行标准情况，我们编制了《城乡建设工程及产品标准目录》。

本目录内容包括城乡建设工程及产品国家标准、行业标准共计2259项。其中，城乡建设工程标准1077项、城乡建设产品标准1182项。此外，在附录中还收集了其他专业领域工程建设国家标准833项。标准的收录截至日期为2018年12月31日。

读者使用中如发现目录内容存在错漏之处，请及时函告我们。地址：北京市三里河路九号院，邮政编码：100835。

参加本目录编制和审查的主要人员有：李铮、张红彦、张文征、张宏、曲径、倪知之、张惠锋、展磊、赵霞、程小珂、毛凯、杜秀媛、姚涛、杨中武。

住房和城乡建设部标准定额研究所

2019年7月

目　录

一、城乡建设工程标准

（一）国家标准

序号	标准编号	标准名称	被代替标准编号	主编单位
1	GB/T 50001—2017	房屋建筑制图统一标准	GB/T 50001—2010	中国建筑标准设计研究院
2	GB 50002—2013	建筑模数协调标准	GBJ 2—86 GB/T 50100—2001	中国建筑标准设计研究院 中国建筑设计研究院
3	GB 50003—2011	砌体结构设计规范	GB 50003—2001	中国建筑东北设计研究院有限公司
4	GB 50005—2017	木结构设计标准	GB 50005—2003	中国建筑西南设计研究院有限公司 四川省建筑科学研究院
5	GB 50007—2011	建筑地基基础设计规范	GB 50007—2002	中国建筑科学研究院
6	GB 50009—2012	建筑结构荷载规范	GB 50009—2001（2006 年版）	中国建筑科学研究院
7	GB 50010—2010（2015 年版）	混凝土结构设计规范	GB 50010—2002	中国建筑科学研究院
8	GB 50011—2010（2016 年版）	建筑抗震设计规范	GB 50011—2001	中国建筑科学研究院
9	GB 50013—2018	室外给水设计标准	GB 50013—2006	上海市政工程设计研究总院（集团）有限公司
10	GB 50014—2006（2016 年版）	室外排水设计规范	GBJ 14—87（1997 年版）	上海市政工程设计研究总院（集团）有限公司
11	GB 50015—2003（2009 年版）	建筑给水排水设计规范	GBJ 15—88	上海现代建筑设计（集团）有限公司
12	GB 50016—2014（2018 年版）	建筑设计防火规范	GB 50016—2006 GB 50045—95	公安部天津消防研究所 公安部四川消防研究所
13	GB 50017—2017	钢结构设计标准	GB 50017—2003	中冶京诚工程技术有限公司
14	GB 50018—2002	冷弯薄壁型钢结构技术规范	GBJ 18—87	中南建筑设计院
15	GB 50019—2015	工业建筑供暖通风与空气调节设计规范	GB 50019—2003	中国有色工程有限公司 中国恩菲工程技术有限公司
16	GB 50021—2001（2009 年版）	岩土工程勘察规范	GB 50021—94	建设综合勘察研究设计院
17	GB 50023—2009	建筑抗震鉴定标准	GB 50023—95	中国建筑科学研究院
18	GB 50025—2018	湿陷性黄土地区建筑标准	GB 50025—2004	陕西省建筑科学研究院 陕西建工第三建设集团有限公司
19	GB 50026—2007	工程测量规范	GB 50026—93	中国有色金属工业西安勘察设计研究院

序号	标准编号	标准名称	被代替标准编号	主编单位
20	GB 50027—2001	供水水文地质勘察规范	GBJ 27—88	中冶建设集团武汉勘察研究总院
21	GB 50028—2006（GB 50028—2006 第 7 章已被 GB 51102—2016 废止）	城镇燃气设计规范	GB 50028—93	中国市政工程华北设计研究院
22	GB 50032—2003	室外给水排水和燃气热力工程抗震设计规范	TJ 32—78	北京市政工程设计研究总院
23	GB 50033—2013	建筑采光设计标准	GB/T 50033—2001	中国建筑科学研究院
24	GB 50034—2013	建筑照明设计标准	GB 50034—2004	中国建筑科学研究院
25	GB 50037—2013	建筑地面设计规范	GB 50037—96 TJ 37—79	中国联合工程公司 深圳中邦（集团）建设总承包有限公司
26	GB 50039—2010	农村防火规范	GBJ 39—90	山西省公安消防总队
27	GB 50041—2008	锅炉房设计规范	GB 50041—92	中国联合工程公司
28	GB 50057—2010	建筑物防雷设计规范	GB 50057—94（2000 年版）	中国中元国际工程公司
29	GB 50067—2014	汽车库、修车库、停车场设计防火规范	GB 50067—97	上海市公安消防总队
30	GB 50068—2018	建筑结构可靠性设计统一标准	GB 50068—2001	中国建筑科学研究院
31	GB 50069—2002	给水排水工程构筑物结构设计规范	GBJ 69—84	北京市政工程设计研究总院
32	GB/T 50076—2013	室内混响时间测量规范（厅堂混响时间测量规范）	GBJ 76—84	清华大学建筑学院
33	GB/T 50080—2016	普通混凝土拌合物性能试验方法标准	GB/T 50080—2002	中国建筑科学研究院
34	GB/T 50081—2002	普通混凝土力学性能试验方法标准	GBJ 81—85	中国建筑科学研究院
35	GB/T 50082—2009	普通混凝土长期性能和耐久性能试验方法标准	GBJ 82—85	中国建筑科学研究院
36	GB/T 50083—2014	工程结构设计基本术语标准	GB/T 50083—97	中国建筑科学研究院
37	GB 50084—2017	自动喷水灭火系统设计规范	GB 50084—2001（2005 年版）	公安部天津消防研究所
38	GB 50086—2015	岩土锚杆与喷射混凝土支护工程技术规范	GB 50086—2001	中冶建筑研究总院有限公司
39	GB 50092—96	沥青路面施工及验收规范	GBJ 92—86	交通部公路科学研究所
40	GB 50094—2010	球形储罐施工规范	GB 50094—98	中国石油天然气第一建设公司

序号	标准编号	标准名称	被代替标准编号	主编单位
41	GB/T 50095—2014	水文基本术语和符号标准	GB/T 50095—98	水利部水文局
42	GB 50096—2011	住宅设计规范	GB 50096—1999（2003 年版）	中国建筑设计研究院
43	GBJ 97—87	水泥混凝土路面施工及验收规范		浙江省交通厅
44	GB 50099—2011	中小学校建筑设计规范	GBJ 99—86	北京市建筑设计研究院 天津市建筑设计院
45	GB/T 50103—2010	总图制图标准	GB/T 50103—2001	中国建筑标准设计研究院
46	GB/T 50104—2010	建筑制图标准	GB/T 50104—2001	中国建筑标准设计研究院
47	GB/T 50105—2010	建筑结构制图标准	GB/T 50105—2001	中国建筑标准设计研究院
48	GB/T 50106—2010	建筑给水排水制图标准	GB/T 50106—2001	中国建筑标准设计研究院
49	GB/T 50107—2010	混凝土强度检验评定标准	GBJ 107—87	中国建筑科学研究院
50	GB 50108—2008	地下工程防水技术规范	GB 50108—2001 GBJ 208—83	总参工程兵科研三所
51	GBJ 110—87	卤代烷 1211 灭火系统设计规范		公安部天津消防科学研究所
52	GB 50112—2013	膨胀土地区建筑技术规范	GBJ 112—87	中国建筑科学研究院
53	GB 50113—2005	滑动模板工程技术规范	GBJ 113—87	中冶集团建筑研究总院
54	GB/T 50114—2010	暖通空调制图标准	GB/T 50114—2001	中国建筑标准设计研究院
55	GB 50116—2013	火灾自动报警系统设计规范	GB 50116—98	公安部沈阳消防研究所
56	GB 50117—2014	构筑物抗震鉴定标准	GBJ 117—88	中冶建筑研究总院有限公司
57	GBJ 118—2010	民用建筑隔声设计规范	GBJ 118—88	中国建筑科学研究院
58	GB 50119—2013	混凝土外加剂应用技术规范	GB 50119—2003	中国建筑科学研究院
59	GB/T 50121—2005	建筑隔声评价标准	GBJ 121—88	北京市建筑设计研究院
60	GB/T 50123—1999	土工试验方法标准	GBJ 123—88	南京水利科学研究院
61	GBJ 124—88	道路工程术语标准		交通部公路规划设计院
62	GB/T 50125—2010	给水排水工程基本术语标准	GBJ 125—89	上海市政工程设计研究总院 腾达建设集团股份有限公司
63	GBJ 129—2011	砌体基本力学性能试验方法标准	GBJ 129—90	四川省建筑科学研究院 山西四建集团有限公司
64	GB/T 50130—2018	混凝土升板结构技术标准	GBJ 130—90	中国建筑科学研究院有限公司 镇江四建建设有限公司
65	GB/T 50132—2014	工程结构设计通用符号标准	GBJ 132—90	中国建筑科学研究院

序号	标准编号	标准名称	被代替标准编号	主编单位
66	GB 50134—2004	人民防空工程施工及验收规范	GBJ 134—90	辽宁省人防建筑设计研究院
67	GB 50135—2006	高耸结构设计规范	GBJ 135—90	同济大学
68	GB 50137—2011	城市用地分类与规划建设用地标准	GBJ 137—90 GBJ 139—90	中国城市规划设计研究院
69	GB 50140—2005	建筑灭火器配置设计规范	GBJ 140—90	公安部上海消防研究所
70	GB 50141—2008	给水排水构筑物工程施工及验收规范	GBJ 141—90	北京市政建设集团有限责任公司
71	GB 50144—2008	工业建筑可靠性鉴定标准	GBJ 144—90	中冶建筑研究总院有限公司（原冶金工业部建筑研究总院）
72	GB/T 50145—2007	土的工程分类标准	GBJ 145—90	南京水利科学研究院
73	GB/T 50146—2014	粉煤灰混凝土应用技术规程	GBJ 146—90	中国水利水电科学研究院
74	GB 50151—2010	泡沫灭火系统设计规范	GB 50151—92（2000 年版） GB 50196—93（2002 年版）	公安部天津消防研究所
75	GB/T 50152—2012	混凝土结构试验方法标准	GB 50152—92	中国建筑科学研究院 中建国际建设有限公司
76	GB 50153—2008	工程结构可靠度设计统一标准	GB 50153—92	中国建筑科学研究院
77	GB/T 50155—2015	供暖通风与空气调节术语标准	GB 50155—92	亚太建设科技信息研究院有限公司 中国建筑设计院有限公司
78	GB 50157—2013	地铁设计规范	GB 50157—2003	北京城建设计研究总院有限责任公司 中国地铁工程咨询有限责任公司
79	GB 50164—2011	混凝土质量控制标准	GB 50164—92	中国建筑科学研究院 北京中关村开发建设有限公司
80	GB 50165—92	古建筑木结构维护与加固技术规范		四川省建筑科学研究院
81	GB 50166—2007	火灾自动报警系统施工及验收规范	GB 50166—92	公安部沈阳消防研究所
82	GB 50167—2014	工程摄影测量规范	GB 50167—92	中国有色金属工业西安勘察设计研究院
83	GB 50176—2016	民用建筑热工设计规范	GB 50176—93	中国建筑科学研究院
84	GB 50178—93	建筑气候区划标准		中国建筑科学研究院
85	GB 50180—2018	城市居住区规划设计标准	GB 50180—93	中国城市规划设计研究院

序号	标准编号	标准名称	被代替标准编号	主编单位
86	GB/T 50181—2018	洪泛区和蓄滞洪区建筑工程技术标准	GB 50181—93	中国建筑科学研究院
87	GB 50188—2007	镇规划标准	GB 50188—93 GB 50188—2006	中国建筑设计研究院
88	GB 50189—2015	公共建筑节能设计标准	GB 50189—93 GB 50189—2005	中国建筑科学研究院
89	GB 50191—2012	构筑物抗震设计规范	GB 50191—93	中冶建筑研究总院有限公司
90	GB 50193—93（2010 年版）	二氧化碳灭火系统设计规范		公安部天津消防研究所
91	GB 50194—2014	建设工程施工现场供用电安全规范	GB 50194—93	中国电力企业联合会 河南省第二建设集团有限公司
92	GB 50201—2012	土方与爆破工程施工及验收规范	GBJ 201—83	中国华西企业股份有限公司 四川省建筑机械化工程公司
93	GB 50202—2018	建筑地基基础工程施工质量验收标准	GB 50202—2002	上海市基础工程集团有限公司 苏州嘉盛建设工程有限公司
94	GB 50203—2011	砌体结构工程施工质量验收规范	GB 50203—2002	陕西省建筑科学研究院 陕西建工集团总公司
95	GB 50204—2015	混凝土结构工程施工质量验收规范	GB 50204—2002	中国建筑科学研究院
96	GB 50205—2001	钢结构工程施工质量验收规范	GB 50205—95 GB 50221—95	冶金工业部建筑研究总院
97	GB 50206—2012	木结构工程施工质量验收规范	GB 50206—2002	哈尔滨工业大学 中建新疆建工（集团）有限公司
98	GB 50207—2012	屋面工程质量验收规范	GB 50207—2002	山西建筑工程（集团）总公司 上海市第二建筑有限公司
99	GB 50208—2011	地下防水工程质量验收规范	GB 50208—2002	山西建筑工程（集团）总公司 福建省闽南建筑工程（集团）有限公司
100	GB 50209—2010	建筑地面工程施工质量验收规范	GB 50209—2002	江苏省建筑工程集团有限公司 江苏省华建建设股份有限公司
101	GB 50210—2018	建筑装饰装修工程质量验收标准	GB 50210—2001	中国建筑科学研究院
102	GB 50212—2014	建筑防腐蚀工程施工规范	GB 50212—2002	中国石油和化工勘察设计协会 全国化工施工标准化管理中心站
103	GB/T 50214—2013	组合钢模版技术规范	GBJ 214—89 GB 50214—2001	冶金部建筑研究总院
104	GB/T 50218—2014	工程岩体分级标准	GB/T 50218—94	长江水利委员会长江科学院
105	GB 50219—2014	水喷雾灭火系统技术规范	GB 50219—95	公安部天津消防研究所

序号	标准编号	标准名称	被代替标准编号	主编单位
106	GB 50222—2017	建筑内部装修设计防火规范	GB 50222—95（2001年版）	中国建筑科学研究院
107	GB 50223—2008	建筑工程抗震设防分类标准	GB 50223—2004	中国建筑科学研究院
108	GB/T 50224—2018	建筑防腐蚀工程施工质量验收标准	GB 50224—2010	中国石油和化工勘察设计协会 上海富晨化工有限公司
109	GB/T 50228—2011	工程测量基本术语标准	GB/T 50228—96	中国有色金属工业西安勘察设计研究院
110	GB 50242—2002	建筑给水排水及采暖工程施工质量验收规范	GBJ 242—82 GBJ 302—88 中采暖卫生工程部分	沈阳市城乡建设委员会
111	GB 50243—2016	通风与空调工程施工质量验收规范	GBJ 304—88 GB 50243—2002	上海市安装工程有限公司
112	GB 50261—2017	自动喷水灭火系统施工及验收规范	GB 50261—2005	公安部四川消防研究所
113	GB 50263—2007	气体灭火系统施工及验收规范	GB 50262—97	公安部天津消防研究所
114	GB/T 50266—2013	工程岩体试验方法标准	GB/T 50266—1999	中国水电顾问集团成都勘测设计研究院 水利水电规划设计总院 中国电力企业联合会
115	GB 50268—2008	给水排水管道工程施工及验收规范	GB 50268—97 CJJ 3—90	北京市政建设集团有限公司
116	GB/T 50279—2014	岩土工程基本术语标准	GB/T 50279—98	水利部水利水电规划设计总院 南京水利科学研究院
117	GB/T 50280—98	城市规划基本术语标准		中国城市规划设计研究院
118	GB 50281—2006	泡沫灭火系统施工及验收规范	GB 50281—98	公安部天津消防研究所
119	GB 50282—2016	城市给水工程规划规范	GB 50282—98	浙江省城乡规划设计研究院
120	GB/T 50283—1999	公路工程结构可靠度设计统一标准		交通部公路规划设计院
121	GB 50289—2016	城市工程管线综合规划规范	GB 50289—98	沈阳市规划设计研究院
122	GB/T 50291—2015	房地产估价规范	GB/T 50291—1999	中国房地产估价师与房地产经纪人学会
123	GB 50292—2015	民用建筑可靠性鉴定标准	GB 50292—1999	四川省建筑科学研究院
124	GB/T 50293—2014	城市电力规划规范	GB 50293—99	中国城市规划设计研究院
125	GB/T 50298—2018	风景名胜区总体规划标准	GB 50298—1999	中国城市规划设计研究院
126	GB/T 50299—2018	地下铁道工程施工质量验收标准	GB 50299—1999	北京城建集团有限责任公司

序号	标准编号	标准名称	被代替标准编号	主编单位
127	GB 50300—2013	建筑工程施工质量验收统一标准	GB 50300—2001	中国建筑科学研究院
128	GB 50303—2015	建筑电气工程施工质量验收规范	GB 50258—96 GB 50259—96 GB 50303—2002	浙江省工业设备安装集团有限公司
129	GB 50307—2012	城市轨道交通岩土工程勘察规范	GB 50307—1999	北京城建勘察设计研究院有限责任公司
130	GB 50308—2017	城市轨道交通工程测量规范	GB 50308—2008	北京城建勘测设计研究院有限责任公司
131	GB 50310—2002	电梯工程施工质量验收规范	GB 50182—93	中国建筑科学研究院建筑机械研究分院
132	GB 50311—2016	综合布线系统工程设计规范	GB 50311—2007	中国移动通信集团设计院
133	GB 50312—2016	综合布线系统工程验收规范	GB 50312—2007	中国移动通信集团设计院
134	GB 50314—2015	智能建筑设计标准	GB/T 50314—2006	上海现代建筑设计（集团）有限公司
135	GB/T 50315—2011	砌体工程现场检测技术标准	GB/T 50315—2000	四川省建筑科学院 成都建筑工程集团总公司
136	GB 50318—2017	城市排水工程规划规范	GB 50318—2000	陕西省城乡规划设计研究院 中国城市规划设计研究院
137	GB/T 50319—2013	建设工程监理规范	GB 50319—2000	中国建设监理协会
138	GB/T 50323—2001	城市建设档案著录规范		建设部城建档案工作办公室
139	GB 50324—2014	冻土工程地质勘察规范	GB 50324—2001	内蒙古筑业工程勘察设计有限公司 中国科学院寒区旱区环境与工程研究所
140	GB 50325—2010（2013 年版）	民用建筑工程室内环境污染控制规范	GB 50325—2001	河南省建筑科学研究院有限公司 泰宏建设发展有限公司
141	GB/T 50326—2017	建设工程项目管理规范	GB/T 50326—2006	中国建筑业协会 北京城建亚泰建设集团有限公司
142	GB 50327—2001	住宅装饰装修工程施工规范		中国建筑装饰协会
143	GB/T 50328—2014	建设工程文件归档规范	GB/T 50328—2001	住房和城乡建设部城建档案工作办公室 住房和城乡建设部科技与产业化发展中心
144	GB/T 50329—2012	木结构试验方法标准	GB/T 50329—2002	重庆大学 中国新兴保信建设总公司
145	GB 50330—2013	建筑边坡工程技术规范	GB 50330—2002	重庆市设计院 中国建筑技术集团有限公司
146	GB/T 50331—2002	城市居民生活用水量标准		建设部城市建设司

序号	标准编号	标准名称	被代替标准编号	主编单位
147	GB 50332—2002	给水排水工程管道结构设计规范	GBJ 69—84	北京市政工程设计研究总院
148	GB 50333—2013	医院洁净手术部建筑技术规范	GB 50333—2002	中国建筑科学研究院
149	GB 50334—2017	城市污水处理厂工程质量验收规范	GB 50334—2002	中国市政工程协会 天津城建集团有限公司
150	GB 50335—2016	城镇污水再生利用工程设计规范	GB 50335—2002	中国市政工程东北设计研究院
151	GB 50336—2018	建筑中水设计标准	GB 50336—2002	中国人民解放军军事科学院国防工程研究院
152	GB/T 50337—2018	城市环境卫生设施规划标准	GB 50337—2003	成都市规划设计研究院
153	GB 50338—2003	固定消防炮灭火系统设计规范		公安部上海消防研究所
154	GB 50339—2013	智能建筑工程质量验收规范	GB 50339—2003	同方股份有限公司
155	GB 50343—2012	建筑物电子信息系统防雷技术规范	GB 50343—2004	中国建筑标准设计研究院 四川中光防雷科技股份有限公司
156	GB/T 50344—2004	建筑结构检测技术标准	GB/T 50344—2004	中国建筑科学研究院
157	GB 50345—2012	屋面工程技术规范	GB 50345—2004	山西建筑工程（集团）总公司 浙江省长城建设集团股份有限公司
158	GB 50346—2011	生物安全实验室建筑技术规范	GB 50346—2004	中国建筑科学研究院 江苏双楼建设集团有限公司
159	GB 50347—2004	干粉灭火系统设计规范		公安部天津消防研究院
160	GB 50348—2018	安全防范工程技术标准	GB 50348—2004	公安部第一研究所 公安部科技信息化局
161	GB 50352—2005	民用建筑设计通则	JGJ 37—87	中国建筑设计研究院 中国建筑标准设计研究院
162	GB/T 50353—2013	建筑工程建筑面积计算规范	GB/T 50353—2005	住房和城乡建设部标准定额研究所
163	GB 50354—2005	建筑内部装修防火施工及验收规范		中国建筑科学研究院
164	GB/T 50355—2018	住宅建筑室内振动限值及其测量方法标准	GB/T 50355—2005	中国建筑科学研究院 中航天建设工程有限公司
165	GB/T 50356—2005	剧场、电影院和多用途厅堂建筑声学设计规范		同济大学
166	GB/T 50357—2018	历史文化名城保护规划标准	GB 50357—2005	中国城市规划设计研究院
167	GB/T 50358—2017	建设项目工程总承包管理规范	GB/T 50358—2005	中国勘察设计协会

序号	标准编号	标准名称	被代替标准编号	主编单位
168	GB/T 50361—2018	木骨架组合墙体技术标准	GB/T 50336—2005	国家建筑材料工业标准定额总站 中国建筑西南设计研究院有限公司
169	GB/T 50362—2005	住宅性能评定技术标准		建设部住宅产业化促进中心 中国建筑科学研究院
170	GB 50364—2018	民用建筑太阳能热水系统应用技术标准	GB 50364—2005	中国建筑标准设计研究院有限公司
171	GB 50365—2005	空调通风系统运行管理规范		中国建筑科学研究院 中国疾病预防控制中心
172	GB 50366—2005（2009 年版）	地源热泵系统工程技术规范		中国建筑科学研究院
173	GB 50367—2013	混凝土结构加固设计规范	GB 50367—2006	四川省建筑科学研究院 山西八建集团有限公司
174	GB 50368—2005	住宅建筑规范		中国建筑科学研究院
175	GB 50370—2005	气体灭火系统设计规范		公安部天津消防研究所
176	GB 50371—2006	厅堂扩声系统设计规范		中广电广播电影电视设计研究院
177	GB/T 50375—2016	建筑工程施工质量评价标准	GB/T 50375—2006	中国建筑业协会
178	GB/T 50378—2014	绿色建筑评价标准	GB/T 50378—2006	中国建筑科学研究院 上海市建筑科学研究院
179	GB/T 50379—2018	工程建设勘察企业质量管理标准	GB/T 50379—2006	北京市勘察设计研究院有限公司
180	GB/T 50380—2006	工程建设设计企业质量管理规范		中国天辰化学工程公司
181	GB/T 50381—2018	城市轨道交通自动售检票系统工程质量验收标准	GB 50381—2010	上海地铁咨询监理科技有限公司
182	GB 50382—2016	城市轨道交通通信工程质量验收规范	GB 50382—2006	中国铁路通信信号上海工程公司
183	GB 50394—2007	入侵报警系统工程设计规范		全国安全防范报警系统标准化技术委员会
184	GB 50400—2016	建筑与小区雨水控制及利用工程技术规范	GB 50400—2006	中国建筑设计研究院
185	GB 50404—2017	硬泡聚氨酯保温防水工程技术规范	GB 50404—2007	烟台同化防水保温工程有限公司 济南四建（集团）有限责任公司
186	GB 50411—2007	建筑节能工程施工质量验收规范		中国建筑科学研究院
187	GB/T 50412—2007	厅堂音质模型试验规范		清华大学
188	GB 50413—2007	城市抗震防灾规划标准		北京工业大学抗震减灾研究所 河北省地震工程研究中心

序号	标准编号	标准名称	被代替标准编号	主编单位
189	GB 50420—2007（2016 年版）	城市绿地设计规范		上海市园林设计院有限公司
190	GB 50422—2017	预应力混凝土路面工程技术规范	GB 50422—2007	东南大学 中鼎国际工程有限责任公司
191	GB 50429—2007	铝合金结构设计规范		同济大学 现代建筑设计集团上海建筑设计研究院
192	GB/T 50430—2017	工程建设施工企业质量管理规范	GB/T 50430—2007	中国建筑业协会 中元建设集团股份有限公司
193	GB 50437—2007（2018 年版）	城镇老年人设施规划规范		南京市规划设计研究院有限责任公司
194	GB 50440—2007	城市消防远程监控系统技术规范		公安部沈阳消防研究所
195	GB 50442—2008	城市公共设施规划规范		天津市城市规划设计研究院
196	GB 50444—2008	建筑灭火器配置验收及检查规范		公安部上海消防研究中心
197	GB 50445—2008	村庄整治技术规范		中国建筑设计研究院
198	GB 50446—2017	盾构法隧道施工与验收规范	GB 50446—2008	住房和城乡建设部科技与产业化发展中心 中铁隧道集团有限公司
199	GB 50447—2008	实验动物设施建筑技术规范		中国建筑科学研究院
200	GB/T 50448—2015	水泥基灌浆材料应用技术规范	GB/T 50448—2008	中冶建筑研究总院有限公司 鲲鹏建设集团有限公司
201	GB 50449—2008	城市容貌标准	CJ/T 12—1999	上海市容环境卫生管理局
202	GB/T 50452—2008	古建筑防工业震动技术规范		五洲工程设计研究院（中国兵器工业第五设计研究院）
203	GB 50458—2008	跨座式单轨交通设计规范		重庆市轨道交通总公司
204	GB 50463—2008	隔振设计规范		中国中元国际工程公司
205	GB/T 50476—2008	混凝土结构耐久性设计规范		清华大学
206	GB 50490—2009	城市轨道交通技术规范		中国城市规划设计研究院
207	GB 50494—2009	城镇燃气技术规范		住房和城乡建设部标准定额研究所 中国市政工程华北设计研究院
208	GB 50495—2009	太阳能供热采暖工程技术规范		中国建筑科学研究院
209	GB 50496—2018	大体积混凝土施工标准	GB 50496—2009	中冶建筑研究总院有限公司 中交武汉港湾工程设计研究院有限公司

序号	标准编号	标准名称	被代替标准编号	主编单位
210	GB 50497—2009	建筑基坑工程监测技术规范		济南大学 莱西市建筑总公司 山东省工程建设标准造价协会
211	GB 50498—2009	固定消防炮灭火系统施工与验收规范		公安部上海消防研究所
212	GB 50500—2013	建筑工程工程量清单计价规范	GB 50500—2008	住房和城乡建设部标准定额研究所 四川省建设工程造价管理总站
213	GB/T 50502—2009	建筑施工组织设计规范		中国建筑技术集团有限公司
214	GB/T 50504—2009	民用建筑设计术语标准		同济大学建筑设计研究院 中国建筑标准设计研究院
215	GB/T 50510—2009	泵站更新改造技术规范		中国灌溉排水发展中心 武汉大学
216	GB 50513—2009（2016 年版）	城市水系规划规范		武汉城市规划设计研究院
217	GB/T 50546—2018	城市轨道交通线网规划标准	GB/T 50546—2009	中国城市规划设计研究院
218	GB 50550—2010	建筑结构加固工程施工质量验收规范		四川省建筑科学研究院
219	GB 50555—2010	民用建筑节水设计标准		中国建筑设计研究院
220	GB/T 50563—2010	城市园林绿化评价标准		中国城市建设研究院有限公司
221	GB 50574—2010	墙体材料应用统一技术规范		中国建筑东北设计研究院有限公司 广厦建设集团有限责任公司
222	GB 50576—2010	铝合金结构工程施工质量验收规范		上海市第五建筑有限公司 同济大学
223	GB/T 50578—2018	城市轨道交通信号工程施工质量验收标准	GB 50578—2010	中国铁路通信信号上海工程局集团有限公司
224	GB 50582—2010	室外作业场地照明设计标准		中国建筑科学研究院
225	GB 50585—2010	岩土工程勘察安全规范		福建省建筑设计研究院 福建省九龙建设集团
226	GB 50591—2010	洁净室施工及验收规范	JGJ 71—90	中国建筑科学研究院
227	GB/T 50596—2010	雨水集蓄利用工程技术规范		中国灌溉排水发展中心
228	GB 50601—2010	建筑物防雷工程施工与质量验收规范		南通五建建设工程有限公司 江苏顺通建设工程有限公司
229	GB/T 50604—2010	民用建筑太阳能热水系统评价标准		中国建筑设计研究院
230	GB/T 50605—2010	住宅区和住宅建筑内设施工程设计规范		中国移动通信集团设计院有限公司

序号	标准编号	标准名称	被代替标准编号	主编单位
231	GB 50606—2010	智能建筑工程施工规范		通州建总集团有限公司 中信建设有限责任公司
232	GB 50613—2010	城市配电网规划设计规范		中国南方电网有限责任公司 中国国家电网公司
233	GB 50614—2010	跨座式单轨交通施工及验收规范		重庆市轨道交通集团有限公司
234	GB 50617—2010	建筑电器照明装置施工与验收规范		宁波建工股份有限公司 浙江省工业设备安装集团有限公司
235	GB 50618—2011	房屋建筑和市政基础设施工程质量检测技术管理规范		中国建筑业协会 福建省九龙建设集团有限公司
236	GB/T 50621—2010	钢结构现场检测技术标准		中国建筑科学研究院
237	GB/T 50624—2010	住宅区和住宅建筑内通信设施工程设计规范		中国移动通信集团设计院有限公司
238	GB/T 50626—2010	住房公积金支持保障性住房建设项目贷款业务规范		天津市住房公积金管理中心
239	GB/T 50627—2010	城镇供热系统评价标准		中国建筑科学研究院 河南省第五建筑安装工程公司
240	GB 50628—2010	钢管混凝土工程施工质量验收规范		中国工程建设标准化协会 南通华新建工集团有限公司
241	GB 50631—2010	住宅信报箱工程技术规范		中国建筑设计研究院 大连九州建设集团有限公司
242	GB/T 50636—2018	城市轨道交通综合监控系统工程技术标准	GB 50636—2010 GB/T 50732—2011	工业和信息化部电子工业标准化研究院
243	GB/T 50640—2010	建筑工程绿色施工评价标准		中国建筑股份有限公司 中国建筑第八工程局有限公司
244	GB 50642—2011	无障碍设施施工验收及维护规范		南京建工集团有限公司 江苏省金陵建工集团有限公司
245	GB 50647—2011	城市道路交叉口规划规范		同济大学
246	GB 50652—2011	城市轨道交通地下工程建设风险管理规范		中国土木工程学会 同济大学
247	GB 50656—2011	施工企业安全生产管理规范		上海市建设工程安全质量监督总站 上海城建建设实业（集团）有限公司
248	GB 50661—2011	钢结构焊接规范		中冶建筑研究总院 中国二冶集团有限公司

序号	标准编号	标准名称	被代替标准编号	主编单位
249	GB 50666—2011	混凝土结构工程施工规范		中国建筑科学研究院
250	GB/T 50668—2011	节能建筑评价标准		中国建筑科学研究院
251	GB 50669—2011	钢筋混凝土筒仓施工与质量验收规范		河北省第四建筑工程公司 河北建工集团有限公司
252	GB/T 50680—2012	城镇燃气工程术语标准		北京市煤气热力工程设计院
253	GB 50682—2011	预制组合立管技术规范		中建三局第一建设工程有限责任公司 同济大学
254	GB 50686—2011	传染病医院建筑施工及验收规范		中国建筑科学研究院
255	GB 50688—2011	城市道路交通设施设计规范		上海市政工程设计研究总院（集团）有限公司
256	GB 50693—2011	坡屋面工程技术规范		中国建筑防水协会
257	GB 50702—2011	砌体结构设加固设计规范		四川省建筑科学研究院 中国华西企业有限公司
258	GB 50715—2011	地铁工程施工安全评价标准		华中科技大学 武汉市政建设集团有限公司
259	GB 50720—2011	建设工程施工现场消防安全技术规范		中国建筑第五工程局有限公司 中国建筑股份有限公司
260	GB 50722—2011	城市轨道交通建设项目管理规范		中国土木工程学会 北京城建设计研究总院
261	GB 50728—2011	工程结构加固材料安全性鉴定技术规范		四川省建筑科学研究院 中国华西企业股份有限公司
262	GB/T 50733—2011	预防混凝土碱骨料应用技术规程		中国建筑科学研究院 浙江舜江建设集团有限公司
263	GB 50736—2012	民用建筑供暖通风与空气调节设计规范	GB 50019—2003 相应条文	中国建筑科学研究院
264	GB 50738—2011	通风与空调工程施工规范		中国建筑科学研究院 北京住总集团有限公司
265	GB 50739—2011	复合土钉墙基坑支护技术规范		济南大学 江苏第一建筑安装公司
266	GB/T 50743—2012	工程施工废弃物再生利用技术规范		江苏南通二建集团有限公司 同济大学
267	GB 50755—2012	钢结构工程施工规范		中国建筑股份有限公司 中建钢构有限公司
268	GB 50763—2012	无障碍设计规范	JGJ 50—2001	北京市建筑设计研究院
269	GB/T 50768—2012	白蚁防治工程基本术语标准		全国白蚁防治中心 贵州建工集团有限公司
270	GB/T 50772—2012	木结构工程施工规范		哈尔滨工业大学 黑龙江建设集团有限公司

序号	标准编号	标准名称	被代替标准编号	主编单位
271	GB/T 50783—2012	复合地基技术规范		浙江大学 浙江中南建设集团有限公司
272	GB/T 50784—2013	混凝土结构现场检测技术标准		中国建筑科学研究院 中国新兴建设开发总公司
273	GB/T 50785—2012	民用建筑室内热湿环境评价标准		中国建筑科学研究院 重庆大学
274	GB/T 50786—2012	建筑电气制图标准		中国建筑标准设计研究院 中国纺织工业设计院
275	GB 50787—2012	民用建筑太阳能空调工程技术规范		中国建筑设计研究院 中国可再生能源学会太阳能建筑专业委员
276	GB 50788—2012	城镇给水排水技术规范		住房和城乡建设部标准定额研究所 中国城市建设研究院有限公司
277	GB/T 50801—2013	可再生能源建筑应用工程评价标准		中国建筑科学研究院 住房和城乡建设部科技发展促进中心
278	GB/T 50805—2012	城市防洪工程设计规范	CJJ 50—92	水利部水利水电规划设计总院 中水北方勘测设计研究有限责任公司
279	GB/T 50811—2012	燃气系统运行安全评价标准		中国城市燃气协会
280	GB/T 50824—2013	农村居住建筑节能设计标准		中国建筑科学研究院 中国建筑设计研究院
281	GB 50829—2013	租赁模板脚手架维修保养技术规范		木材节约发展中心 中国基建物资租赁承包协会
282	GB/T 50831—2012	城市规划基础资料搜集规范		江苏省城市规划设计研究院
283	GB/T 50833—2012	城市轨道交通工程基本术语标准		住房和城乡建设部标准定额研究所 北京交通大学
284	GB 50838—2015	城市综合管廊工程技术规范	GB 50838—2012	上海市政工程设计研究总院（集团）有限公司 同济大学
285	GB/T 50839—2013	城市轨道交通工程安全控制技术规范		中国城市规划设计研究院
286	GB/T 50841—2013	建设工程分类标准		同济大学 中天建设集团
287	GB 50843—2013	建筑边坡工程鉴定与加固技术规范		重庆一建建设集团有限公司 重庆市设计院
288	GB/T 50844—2013	工程建设标准实施评价规范		住房和城乡建设部标准定额研究所

序号	标准编号	标准名称	被代替标准编号	主编单位
289	GB 50846—2012	住宅区和住宅建筑内光纤到户通信设施工程设计规范		中国移动通信集团设计院
290	GB 50847—2012	住宅区和住宅建筑内光纤到户通信设施工程施工及验收规范		中国移动通信集团设计院
291	GB 50849—2014	传染病医院建筑设计规范		中国中元国际工程有限公司
292	GB/T 50851—2013	建筑工程人工材料设备机械数据标准		广东省建设工程造价管理总站 住房和城乡建设部信息中心
293	GB/T 50852—2013	建设工程咨询分类标准		天津大学 内蒙古兴泰建筑有限公司
294	GB/T 50853—2013	城市通信工程规划规范		中国城市规划设计研究院 深圳市城市规划设计研究院
295	GB 50854—2013	房屋建筑与装饰工程工程量计算规范		四川省建设工程造价管理总站 住房和城乡建设部标准定额研究所
296	GB 50855—2013	仿古建筑工程工程量计算规范		江苏省建设工程造价管理总站
297	GB 50856—2013	通用安装工程工程量计算规范		住房和城乡建设部标准定额研究所 四川省建设工程造价管理总站
298	GB 50857—2013	市政工程工程量计算规范		浙江省建设工程造价管理总站 住房和城乡建设部标准定额研究所
299	GB 50858—2013	园林绿化工程工程量计算规范		江苏省建设工程造价管理总站 住房和城乡建设部标准定额研究所
300	GB 50860—2013	构筑物工程工程量计算规范		中国建设工程造价管理协会 住房和城乡建设部标准定额研究所
301	GB 50861—2013	城市轨道交通工程工程量计算规范		住房和城乡建设部标准定额研究所 铁路工程定额所
302	GB 50868—2013	建筑工程容许振动标准		中国机械工业集团有限公司
303	GB 50869—2013	生活垃圾卫生填埋处理技术规范	CJJ 17—2004	华中科技大学
304	GB 50870—2013	建筑施工安全技术统一规范		江苏省建筑工程管理局
305	GB/T 50875—2013	工程造价术语标准		中国建设工程造价管理协会
306	GB 50877—2014	防火卷帘、防火门、防火窗施工及验收规范		辽宁省公安消防总队 公安部天津消防研究所

序号	标准编号	标准名称	被代替标准编号	主编单位
307	GB/T 50878—2013	绿色工业建筑评价标准		中国建筑科学研究院 机械工业第六设计研究院有限公司
308	GB 50881—2013	疾病预防控制中心建筑技术规范		中国建筑科学研究院
309	GB 50890—2013	饰面人造板工程设计规范		国家林业局林产工业规划设计院
310	GB 50898—2013	细水雾灭火系统技术规范		公安部天津消防研究所
311	GB/T 50899—2013	房地产估价基本术语标准		中国房地产估价师与房地产经纪人学会
312	GB/T 50900—2016	村镇住宅结构施工及验收规范		中国建筑科学研究院 福建省抗震防灾技术中心
313	GB 50901—2013	钢－混凝土组合结构施工规范		中国建筑第二工程局有限公司 中国建筑股份有限公司
314	GB/T 50903—2013	市政工程施工组织设计规范		济南城建集团有限公司 威通建设集团股份有限公司
315	GB/T 50905—2014	建筑工程绿色施工规范		中国建筑股份有限公司 中国建筑技术集团有限公司
316	GB/T 50908—2013	绿色办公建筑评价标准		住房和城乡建设部科技发展促进中心
317	GB 50909—2014	城市轨道交通结构抗震设计规范		同济大学 天津市地下铁道集团有限公司
318	GB 50911—2013	城市轨道交通工程监测技术规范		北京城建勘测设计研究院
319	GB/T 50912—2013	钢铁渣粉混凝土应用技术规范		中冶建筑研究总院有限公司 中国京冶工程技术有限公司
320	GB 50917—2013	钢－混凝土组合桥梁设计规范		上海城市建设设计研究总院 同济大学
321	GB 50918—2013	城镇建设智能卡系统工程技术规范		住房和城乡建设部信息中心 住房和城乡建设部IC卡应用服务中心
322	GB 50923—2013	钢管混凝土拱桥技术规范		福州大学 中建海峡建设发展有限公司
323	GB 50924—2014	砌体结构工程施工规范		陕西省建筑科学研究院 陕西建工集团第五建筑工程公司
324	GB 50925—2013	城市对外交通规划规范		上海城市规划设计研究院
325	GB 50936—2014	钢管混凝土结构技术规范		哈尔滨工业大学 中国建筑科学研究院
326	GB/T 50939—2013	急救中心建筑设计规范		上海建筑设计研究院

序号	标准编号	标准名称	被代替标准编号	主编单位
327	GB/T 50941—2014	建筑地基基础术语标准		中国建筑科学研究院 浙江宝业建设集团有限公司
328	GB/T 50942—2014	盐渍土地区建筑技术规范		合肥工业大学 中建三局第三建筑工程有限责任公司
329	GB/T 50943—2015	海岸软土地基堤坝工程技术规范		浙江科技学院 红阳建设集团有限公司
330	GB/T 50947—2014	建筑日照计算参数标准		中国城市规划设计研究院 北京市城市规划设计研究院
331	GB/T 50948—2013	体育场建筑声学技术规范		工业和信息化部电子工业标准化研究院电子工程标准定额站 中国电子科技集团公司第三研究所
332	GB 50952—2013	农村民居雷电防护工程技术规范		湖南省防雷中心 河北省防雷中心
333	GB 50954—2014	水泥窑协同处置垃圾工程设计规范		中材国际环境工程（北京）有限公司
334	GB 50974—2014	消防给水及消火栓系统技术规范		中国中元国际工程有限公司
335	GB 50981—2014	建筑机电工程抗震设计规范		中国建筑设计院有限公司
336	GB 50982—2014	建筑与桥梁结构监测技术规范		中国建筑科学研究院 海南建设工程股份有限公司
337	GB/T 51003—2014	矿物掺合料应用技术规范		中国建筑科学研究院
338	GB 51004—2015	建筑地基基础工程施工规范		上海建工集团股份有限公司 上海市基础工程集团有限公司
339	GB 51017—2014	古建筑防雷工程技术规范		中国建筑科学研究院
340	GB 51022—2015	门式刚架轻型房屋钢结构技术规范		中国建筑标准设计研究院有限公司
341	GB/T 51025—2016	超大面积混凝土地面无缝施工技术规范		中建五局第三建设有限公司 重庆大学
342	GB/T 51028—2015	大体积混凝土温度测控技术规范		陕西省建筑科学研究院 广州富利建筑安装工程有限公司
343	GB 51038—2015	城市道路交通标志和标线设置规范		上海市政工程设计研究总院（集团）有限公司 公安部交通管理科学研究所
344	GB 51039—2014	综合医院建筑设计规范	JGJ 49—88	卫生和计划生育委员会规划与信息司
345	GB/T 51046—2014	国家森林公园设计规范		国家林业局调查规划设计院
346	GB 51054—2014	城市消防站设计规范		公安部上海消防研究所

序号	标准编号	标准名称	被代替标准编号	主编单位
347	GB 51058—2014	精神专科医院建筑设计规范		中国中元国际工程公司
348	GB/T 51063—2014	大中型沼气工程技术规范		北京市公用事业科学研究所
349	GB/T 51064—2015	吹填土地基处理技术规范		河海大学 上海港湾基础建设（集团）有限公司
350	GB/T 51074—2015	城市供热规划规范		北京市城市规划设计研究院
351	GB 51079—2016	城市防洪规划规范		湖北省城市规划设计研究院
352	GB 51080—2015	城市消防规划规范		重庆市规划设计研究院
353	GB/T 51083—2015	城市节水评价标准		北京建筑大学 中国城镇供水排水协会
354	GB/T 51095—2015	建设工程造价咨询规范		中国建设工程造价管理协会
355	GB/T 51100—2015	绿色商店建筑评价标准		中国建筑科学研究院
356	GB/T 51129—2017	装配式建筑评价标准	GB/T 51129—2015	住房和城乡建设部科技与产业化发展中心
357	GB/T 51140—2015	建筑节能基本术语标准		住房和城乡建设部科技发展促进中心
358	GB/T 51141—2015	既有建筑绿色改造评价标准		中国建筑科学研究院 住房和城乡建设部科技发展促进中心
359	GB/T 51148—2016	绿色博览建筑评价标准		中国建筑科学研究院
360	GB/T 51149—2016	城市停车规划规范		北京市城市规划设计研究院
361	GB/T 51153—2015	绿色医院建筑评价标准		中国建筑科学研究院 住房和城乡建设部科技与产业化发展中心
362	GB 51157—2016	物流建筑设计规范		中国中元国际工程有限公司
363	GB/T 51161—2016	民用建筑能耗标准		住房和城乡建设部标准定额研究所
364	GB/T 51163—2016	城市绿线划定技术规范		中国城市建设研究院有限公司
365	GB/T 51165—2016	绿色饭店建筑评价标准		住房和城乡建设部科技发展促进中心 中国饭店协会
366	GB/T 51168—2016	城市古树名木养护和复壮工程技术规范		中国城市建设研究院有限公司
367	GB 51174—2017	城镇雨水调蓄工程技术规范		上海市政工程设计研究总院（集团）有限公司
368	GB/T 51187—2016	城市排水防涝设施数据采集与维护技术规范		清华大学 中国城市规划设计研究院
369	GB/T 51188—2016	建筑与工业给水排水系统安全评价标准		中国中元国际工程有限公司

序号	标准编号	标准名称	被代替标准编号	主编单位
370	GB 51192—2016	公园设计规范	CJJ 48—92	北京市园林绿化局
371	GB 51202—2016	冰雪景观建筑技术标准	JGJ 247—2011	哈尔滨市建筑设计院 哈尔滨五建工程有限责任公司
372	GB 51203—2016	高耸结构工程施工质量验收规范		同济大学 青岛东方铁塔股份有限公司
373	GB/T 51210—2016	建筑施工脚手架安全技术统一标准		中国建筑业协会 内蒙古兴泰建筑有限责任公司
374	GB/T 51212—2016	建筑信息模型应用统一标准		中国建筑科学研究院
375	GB 51220—2017	生活垃圾卫生填埋场封场技术规范	CJJ 112—2007	深圳市下坪固体废弃物填埋场 中国城市建设研究院有限公司
376	GB 51221—2017	城镇污水处理厂工程施工规范		中建八局第三建设有限公司 广州市市政集团有限公司
377	GB 51222—2017	城镇内涝防治技术规范		上海市政工程设计研究总院（集团）有限公司
378	GB/T 51223—2017	公共建筑标识系统技术规范		上海市政工程设计研究总院（集团）有限公司
379	GB/T 51224—2017	乡村道路工程技术规范		长安大学 安宜建设集团有限公司
380	GB/T 51226—2017	多高层木结构建筑技术标准		中国建筑西南设计研究院有限公司 南京工业大学
381	GB/T 51228—2017	建筑振动荷载标准		中国机械工业集团有限公司
382	GB/T 51231—2016	装配式混凝土建筑技术标准		中国建筑标准设计研究院有限公司
383	GB/T 51232—2016	装配式钢结构建筑技术标准		中国建筑标准设计研究院有限公司
384	GB/T 51233—2016	装配式木结构建筑技术标准		中国建筑西南设计院有限公司
385	GB/T 51234—2017	城市轨道交通桥梁设计规范		重庆市轨道交通（集团）有限公司
386	GB/T 51235—2017	建筑信息模型施工应用标准		中国建筑股份有限公司 中国建筑科学研究院
387	GB 51236—2017	民用机场航站楼设计防火规范		公安部天津消防研究所
388	GB/T 51238—2018	岩溶地区建筑地基基础技术标准		华东交通大学 江西中煤建设集团有限公司
389	GB 51245—2017	工业建筑节能设计统一标准		中冶建筑研究总院有限公司 西安建筑科技大学
390	GB 51251—2017	建筑防烟排烟系统技术标准		公安部四川消防研究所

序号	标准编号	标准名称	被代替标准编号	主编单位
391	GB 51254—2017	高填方地基技术规范		中国建筑科学研究院
392	GB/T 51255—2017	绿色生态城区评价标准		中国城市科学研究会
393	GB/T 51256—2017	桥梁顶升移位改造技术规范		上海市城市建设设计研究总院 同济大学
394	GB 51260—2017	环境卫生技术规范		住房和城乡建设部标准定额研究所 中国城市建设研究院有限公司
395	GB/T 51262—2017	建设工程造价鉴定规范		中国建设工程造价管理协会
396	GB/T 51263—2017	轻轨交通设计标准		北京城建设计发展集团股份有限公司
397	GB/T 51267—2017	住房公积金个人住房贷款业务规范		北京住房公积金管理中心
398	GB/T 51268—2017	绿色照明检测及评价标准		中国建筑科学研究院 江苏万象建工集团有限公司
399	GB/T 51269—2017	建筑信息模型分类和编码标准		中国建筑标准设计研究院有限公司
400	GB/T 51271—2017	住房公积金归集业务标准		重庆市住房公积金管理中心
401	GB/T 51274—2017	城镇综合管廊监控与报警系统工程技术标准		上海市政工程设计研究总院（集团）有限公司 杭州创博科技有限公司
402	GB/T 51275—2017	软土地基路基监控标准		中国铁建港航局集团有限公司 广州市市政集团有限公司
403	GB/T 51285—2018	建筑合同能源管理节能效果评价标准		西南交通大学 广西建工集团第三建筑工程有限责任公司
404	GB 51286—2018	城市道路工程技术规范		北京市市政工程设计研究总院有限公司
405	GB/T 51290—2018	建设工程造价指标指数分类与测算标准		住房和城乡建设部标准定额研究所 北京建科研软件技术有限公司
406	GB/T 51293—2018	城市轨道交通给水排水系统技术标准		广州地铁设计研究院有限公司
407	GB/T 51294—2018	风景名胜区详细规划标准		中国城市规划设计研究院
408	GB/T 51295—2018	钢围堰工程技术标准		广州市市政集团有限公司 江苏德丰建设集团有限公司
409	GB 51298—2018	地铁设计防火标准		上海市隧道工程轨道交通设计研究院 公安部天津消防研究所
410	GB/T 51306—2018	工程振动术语和符号标准		中国机械工业集团有限公司

序号	标准编号	标准名称	被代替标准编号	主编单位
411	GB 51309—2018	消防应急照明和疏散指示系统技术标准		公安部沈阳消防研究所
412	GB/T 51310—2018	地下铁道工程施工标准		北京城建集团有限责任公司
413	GB/T 51327—2018	城市综合防灾规划标准		北京工业大学抗震减灾研究所 中国城市规划设计研究院
414	GB/T 51328—2018	城市综合交通体系规划标准	GB 50220—95 CJJ 75—97 中第 3.1 节和第 3.2 节	中国城市规划设计研究院
415	GB/T 51329—2018	城市环境规划标准		昆明市规划设计研究院 中国城市规划设计研究院
416	GB/T 51334—2018	城市综合交通调查技术标准		中国城市规划设计研究院
417	GB/T 51335—2018	声屏障结构技术标准		上海市城市建设设计研究总院（集团）有限公司 鲲鹏建设集团有限公司
418	GB/T 51336—2018	地下结构抗震设计标准		清华大学 北京城建设计发展集团股份有限公司
419	GB/T 51345—2018	海绵城市建设评价标准		中国建设科技集团股份有限公司 中国城镇供水排水协会 北京建筑大学

（二）城镇建设行业标准

序号	标准编号	标准名称	被代替标准编号	备案号	主编单位
1	CJJ 1—2008	市政道路工程质量检验评定标准	CJJ 1—90	J 792—2008	北京市政建设集团有限责任公司 中国市政工程协会
2	CJJ 2—2008	城市桥梁工程施工与质量验收标准	CJJ 2—90	J 820—2008	北京市政建设集团有限责任公司
3	CJJ 6—2009	城镇排水管道维护安全技术规程	CJJ 6—85	J 950—2009	天津市排水管理处
4	CJJ/T 7—2017	城市工程地球物理探测标准	CJJ/T 7—2007	J 720—2017	正元地理信息有限责任公司
5	CJJ/T 8—2011	城市测量规范	CJJ 8—99	J 1330—2011	北京市测绘设计研究院
6	CJJ 11—2011	城市桥梁设计规范	CJJ 11—93	J 1190—2011	上海市政工程设计研究总院
7	CJJ 12—2013	家用燃气燃烧器具安装及验收规程	CJJ 12—1999	J 1640—2013	中国市政工程华北设计研究总院
8	CJJ/T 13—2013	供水水文地质钻探与管井施工操作规程	CJJ 13—1987	J 1588—2013	中国市政工程中南设计研究总院有限公司
9	CJJ 14—2016	城市公共厕所设计标准	CJJ 14—2005	J 476—2016	北京市环境卫生设计科学研究所
10	CJJ/T 15—2011	城市公共交通站、场、厂工程设计规范	CJJ 15—87	J 1331—2011	武汉市交通科学研究所
11	CJJ 27—2012	环境卫生设施设置标准	CJJ 27—2005	J 1497—2013	上海市环境工程设计科学研究院有限公司
12	CJJ 28—2014	城镇供热管网工程施工及验收规范	CJJ 28—2004	J 372—2014	北京市热力集团有限责任公司
13	CJJ/T 29—2010	建筑排水塑料管道工程技术规程	CJJ/T 29—98	J 1136—2010	上海现代建筑设计（集团）有限公司
14	CJJ 30—2009	粪便处理厂运行维护及其安全技术规程	CJJ/T 30—99	J 894—2009	华中科技大学
15	CJJ 32—2011	含藻水给水处理设计规范	CJJ 32—89	J 1184—2011	中国市政工程中南设计研究总院
16	CJJ 33—2005	城镇燃气输配工程施工及验收规范	CJJ 33—89	J 404—2005	中国城市建设研究院有限公司
17	CJJ 34—2010	城镇供热管网设计规范	CJJ 34—2002	J 1074—2010	北京市煤气热力工程设计院有限公司
18	CJJ 36—2016	城镇道路养护技术规范	CJJ 36—2006	J 528—2016	北京市政路桥管理养护集团有限公司 南通英雄建设集团有限公司

序号	标准编号	标准名称	被代替标准编号	备案号	主编单位
19	CJJ 37—2012（2016 年版）	城市道路工程设计规范	CJJ 37—90	J 1353—2012	北京市市政工程设计研究总院
20	CJJ 40—2011	高浊度水给水设计规范	CJJ 40—91	J 1185—2011	中国市政工程西北设计研究院有限公司
21	CJJ/T 43—2014	城镇道路沥青路面再生利用技术规程	CJJ 43—91	J 1916—2014	上海市市政规划设计研究院 广东电白建设集团有限公司
22	CJJ 45—2015	城市道路照明设计标准	CJJ 45—2006	J 627—2015	中国建筑科学研究院 安徽鲁班建设投资集团有限公司
23	CJJ/T 47—2016	生活垃圾转运站技术规范	CJJ 47—2006	J 511—2016	华中科技大学
24	CJJ 49—92	地铁杂散电流腐蚀防护技术规程			北京市地下铁道科学技术研究所
25	CJJ 51—2016	城镇燃气设施运行、维护和抢修安全技术规程	CJJ 51—2006	J 112—2016	中国城市燃气协会
26	CJJ 52—2014	生活垃圾堆肥处理技术规范	CJJ/T 52—93	J 1969—2015	华中科技大学
27	CJJ/T 53—93	民用房屋修缮工程施工规程			天津市房产住宅科学研究所
28	CJJ/T 54—2017	污水自然处理工程技术规程	CJJ/T 54—93	J 2353—2017	哈尔滨工业大学
29	CJJ/T 55—2011	供热术语标准	CJJ 55—93	J 1220—2011	哈尔滨工业大学
30	CJJ 56—2012	市政工程勘察规范	CJJ 56—94	J 1493—2013	北京市勘察设计研究院有限公司
31	CJJ 57—2012	城市规划工程地质勘察规范	CJJ 57—94	J 1472—2012	北京市勘察设计研究院有限公司
32	CJJ 58—2009	城镇供水厂运行、维护及安全技术规程	CJJ 58—94	J 967—2009	中国城镇供水排水协会 北京市自来水集团有限责任公司
33	CJJ 60—2011	城市污水处理厂运行、维护及其安全技术规程	CJJ 60—94	J 1182—2011	中国城镇供水排水协会 天津创业环保集团股份有限公司
34	CJJ 61—2017	城市地下管线探测技术规程	CJJ 61—2003	J 271—2017	北京市测绘设计研究院 正元地理信息有限责任公司
35	CJJ 63—2018	聚乙烯燃气管道工程技术标准	CJJ 63—2008	J 780—2018	住房和城乡建设部科技与产业化发展中心
36	CJJ 64—2009	城市粪便处理厂（场）设计规范	CJJ 64—95	J 893—2009	华中科技大学
37	CJJ/T 65—2004	市容环境卫生术语标准	CJJ 65—95	J 374—2004	上海市环境工程设计科学研究院

序号	标准编号	标准名称	被代替标准编号	备案号	主编单位
38	CJJ/T 66—2011	路面稀浆罩面技术规程	CJJ 66—95	J 1221—2011	北京市政路桥建材集团有限公司 深圳市市政工程总公司
39	CJJ/T 67—2015	风景园林制图标准	CJJ 67—95	J 1982—2015	中国城市建设研究院有限公司 同济大学
40	CJJ 68—2016	城镇排水管渠与泵站运行、维护及安全技术规程	CJJ 68—2007	J 659—2016	上海市排水管理处
41	CJJ 69—95（2003 年版）	城市人行天桥与人行地道技术规范			北京市市政工程研究院
42	CJJ/T 71—2011	机动车清洗站技术规范	CJJ 71—2000	J 24—2011	天津市环境卫生工程设计院
43	CJJ/T 72—2015	无轨电车牵引供电网工程技术规范	CJJ 72—97	J 2107—2015	北京市公交总公司电车公司供电所
44	CJJ/T 73—2010	卫星定位城市测量技术规程	CJJ 73—97	J 990—2010	北京市测绘设计研究院
45	CJJ 74—99	城镇地道桥顶进施工及验收规程			河北省石家庄市市政建设总公司
46	CJJ 75—97	城市道路绿化规划与设计规范	除 CJJ75—97 中第 3.1 节和第 3.2 节外		中国城市规划设计研究院
47	CJJ 76—2012	城市地下水动态观测规程	CJJ/T 76—98	J 1342—2012	建设综合勘察研究设计院有限公司
48	CJJ/T 78—2010	供热工程制图标准	CJJ/T 78—97	J 1137—2010	哈尔滨工业大学
49	CJJ/T 81—2013	城镇供热直埋热水管道技术规程	CJJ/T 81—98	J 1639—2013	中国城市建设研究院有限公司 北京市煤气热力工程设计院有限公司
50	CJJ 82—2012	园林绿化工程施工及验收规范	CJJ/T 82—99	J 1496—2013	天津市市容和园林管理委员会
51	CJJ 83—2016	城乡建设用地竖向规划规范	CJJ 83—99	J 2207—2016	四川省城乡规划设计研究院
52	CJJ/T 85—2017	城市绿地分类标准	CJJ/T 85—2002	J 185—2018	北京北林地景园林规划设计院有限责任公司
53	CJJ 86—2014	生活垃圾堆肥处理厂运行维护技术规程	CJJ/T 86—2000	J 1964—2015	华中科技大学
54	CJJ/T 87—2000	乡镇集贸市场规划设计标准			中国建筑技术研究院村镇规划设计研究所
55	CJJ 88—2014	城镇供热系统运行维护技术规程	CJJ 88—2000	J 25—2014	沈阳惠天热电股份有限公司

序号	标准编号	标准名称	被代替标准编号	备案号	主编单位
56	CJJ 89—2012	城市道路照明工程施工及验收规范	CJJ 89—2001	J 1431—2012	北京市城市照明管理中心 中国市政工程协会城市道路照明专业委员会
57	CJJ 90—2009	生活垃圾焚烧处理工程技术规范	CJJ 90—2002	J 184—2009	中国城市建设研究院有限公司
58	CJJ/T 91—2017	风景园林基本术语标准	CJJ/T 91—2002	J 217—2017	中国城市建设研究院有限公司
59	CJJ 92—2016	城市供水管网漏损控制及评定标准	CJJ 92—2002	J 187—2016	中国城镇供水协会
60	CJJ 93—2011	城市生活垃圾卫生填埋场运行维护技术规程	CJJ 93—2003	J 252—2011	华中科技大学
61	CJJ 94—2009	城镇燃气室内工程施工及验收规范	CJJ 94—2003	J 264—2009	北京市煤气热力工程设计院有限公司
62	CJJ 95—2013	城镇燃气埋地钢质管道腐蚀控制技术规程	CJJ 95—2003	J 273—2013	北京市燃气集团有限责任公司
63	CJJ/T 96—2018	地铁限界标准	CJJ 96—2003	J 2592—2018	同济大学铁道与城市轨道交通研究院 北京城建设计发展集团股份有限公司
64	CJJ/T 97—2003	城市规划制图标准		J 277—2003	浙江省建设厅
65	CJJ/T 98—2014	建筑给水塑料管道工程技术规程	CJJ/T 98—2003 GB/T 50349—2005	J 279—2014	上海现代建筑设计集团 上海建筑设计研究院有限公司
66	CJJ 99—2017	城市桥梁养护技术标准	CJJ 99—2003	J 281—2017	北京市市政路桥管理养护集团有限公司 振华集团（昆山）建设工程有限公司
67	CJJ 100—2017	城市基础地理信息系统技术规范	CJJ 100—2017	J 298—2004	北京市测绘设计研究院
68	CJJ 101—2016	埋地塑料给水管道工程技术规程	CJJ 101—2004	J 362—2016	北京中环工程设计监理有限责任公司
69	CJJ/T 102—2004	城市生活垃圾分类及其评价标准		J 373—2004	广州市市容环境卫生局
70	CJJ/T 103—2013	城市地理空间框架数据标准	CJJ 103—2004	J 367—2013	建设综合勘察研究设计院有限公司
71	CJJ/T 104—2014	城镇供热直埋蒸汽管道技术规程	CJJ 104—2005	J 456—2014	中国市政工程华北设计研究总院
72	CJJ 105—2005	城镇供热管网结构设计规范		J 457—2005	北京市煤气热力工程设计院有限公司
73	CJJ/T 106—2010	城市市政综合监管信息系统技术规范	CJJ/T 106—2005	J 455—2010	北京市东城区城市管理监督中心

序号	标准编号	标准名称	被代替标准编号	备案号	主编单位
74	CJJ/T 107—2005	生活垃圾填埋场无害化评价标准		J 477—2005	中国城市环境卫生协会
75	CJJ/T 108—2006	城市道路除雪作业技术规程		J 495—2006	北京市环境卫生设计科学研究所
76	CJJ 109—2006	生活垃圾转运站运行维护技术规程		J 512—2006	中国城市建设研究院有限公司
77	CJJ 110—2017	建筑与小区管道直饮水系统技术规程	CJJ 110—2006	J 479—2017	中国建筑设计研究院 深圳市水务集团深水海纳水务有限公司 北京爱生科技发展有限公司
78	CJJ/T 111—2006	预应力混凝土桥梁预制节段逐步跨拼装施工技术规程		J 533—2006	上海市第一市政工程有限公司
79	CJJ 113—2007	生活垃圾卫生填埋场防渗系统工程技术规范		J 658—2007	中国城市建设研究院有限公司
80	CJJ/T 114—2007	城市公共交通分类标准		J 682—2007	中国城市建设研究院有限公司
81	CJJ/T 115—2007	房地产市场信息系统技术规范		J 662—2007	上海市房地产交易中心
82	CJJ/T 116—2014	建设领域应用软件测评工作通用规范	CJJ/T 116—2008	J 782—2014	住房和城乡建设部信息中心 黑龙江省建工集团有限责任公司
83	CJJ/T 117—2017	建设电子文件与电子档案管理规范	CJJ/T 117—2017	J 725—2007	住房城乡建设部科技与产业化发展中心
84	CJJ/T 119—2008	城市公共交通工程术语标准		J 782—2008	中国城市公共交通协会
85	CJJ/T 120—2018	城镇排水系统电气与自动化工程技术标准	CJJ 120—2008	J 783—2018	上海市城市建设设计研究总院（集团）有限公司
86	CJJ/T 121—2008	风景名胜区分类标准		J 816—2008	中国城市建设研究院有限公司
87	CJJ 122—2017	游泳池给水排水工程技术规程	CJJ 122—2008	J 821—2017	中国建筑设计院有限公司 贵州建工集团第一建筑工程有限责任公司
88	CJJ 123—2008	镇（乡）村给水工程技术规程		J 799—2008	上海市政工程设计研究总院
89	CJJ 124—2008	镇（乡）村排水工程技术规程		J 800—2008	上海市政工程设计研究总院
90	CJJ/T 125—2008	环境卫生图形符号标准	CJ/T 13—1999 CJ/T 14—1999 CJ/T 15—1999	J 825—2008	华中科技大学
91	CJJ/T 126—2008	城市道路清扫保洁质量与评价标准		J 826—2008	北京市环境卫生设计科学研究所

序号	标准编号	标准名称	被代替标准编号	备案号	主编单位
92	CJJ 127—2009	建筑排水金属管道工程技术规程		J 865—2009	中国金属学会铸铁管分会
93	CJJ 128—2017	生活垃圾焚烧厂运行维护与安全技术标准	CJJ 128—2009	J 854—2017	重庆三峰环境产业集团有限公司 深圳市市政环卫综合处理厂
94	CJJ 129—2009	城市快速路设计规程		J 863—2009	北京市市政工程设计研究总院
95	CJJ/T 130—2009	燃气工程制图标准		J 890—2009	中国市政工程华北设计研究总院
96	CJJ 131—2009	城镇污水处理厂污泥处理技术规程		J 891—2009	北京城市排水集团有限责任公司
97	CJJ 132—2009	城乡用地评定标准		J 866—2009	陕西省城乡规划设计研究院
98	CJJ 133—2009	生活垃圾填埋场填埋气体收集处理及利用工程技术规范		J 959—2009	中国城市建设研究院有限公司 广州工程总承包集团有限公司
99	CJJ 134—2009	建筑垃圾处理技术规范		J 960—2009	上海市环境工程设计科学研究院有限公司 江苏中兴建设有限公司
100	CJJ/T 135—2009	透水水泥混凝土路面技术规程		J 965—2009	江苏省建工集团有限公司 河南省第一建筑工程集团有限责任公司
101	CJJ 136—2010	快速公共汽车交通系统设计规范		J 1000—2010	北京市市政工程设计研究总院
102	CJJ/T 137—2010	生活垃圾焚烧厂评价标准		J 1002—2010	中国城市建设研究院有限公司
103	CJJ 138—2010	城镇地热供热工程技术规程		J 1010—2010	天津大学
104	CJJ 139—2010	城市桥梁桥面防水工程工程技术规程		J 975—2010	北京市市政工程设计研究总院
105	CJJ 140—2010	二次供水工程技术规程		J 1011—2010	天津市供水管理处
106	CJJ/T 141—2010	建设项目交通影响评价技术标准		J 998—2010	中国城市规划设计研究院
107	CJJ 142—2014	建筑屋面雨水排水系统技术规程		J 1757—2014	中国建筑设计研究院 深圳市建工集团股份有限公司
108	CJJ 143—2010	埋地塑料排水管道工程技术规程		J 1037—2010	住房和城乡建设部科技发展促进中心 汕头市达濠市政建设有限公司
109	CJJ/T 144—2010	城市地理空间信息共享与服务元数据标准		J 1039—2010	建设综合勘察研究设计院有限公司

序号	标准编号	标准名称	被代替标准编号	备案号	主编单位
110	CJJ 145—2010	燃气冷热电三联供工程技术规程		J 1085—2010	中国城市建设研究院有限公司 北京市煤气热力工程设计院有限公司
111	CJJ/T 146—2011	城镇燃气报警控制系统技术规程		J 1165—2011	中国城市燃气协会
112	CJJ/T 147—2010	城镇燃气管道非开挖修复更新工程技术规程		J 1075—2010	北京市燃气集团有限责任公司
113	CJJ/T 148—2010	城镇燃气加臭技术规程		J 1091—2010	中国市政工程华北设计研究总院
114	CJJ 149—2010	城市户外广告设施技术规范		J 1069—2010	上海环境卫生工程设计院 江苏省苏中建设集团股份有限公司
115	CJJ 150—2010	生活垃圾渗沥液处理技术规范		J 1070—2010	中国城市建设研究院有限公司 上海环境卫生工程设计院
116	CJJ/T 151—2010	城市遥感信息应用技术规范		J 1130—2010	建设综合勘察研究设计院有限公司
117	CJJ 152—2010	城市道路交叉口设计规程		J 1084—2010	华中科技大学
118	CJJ/T 153—2010	城镇燃气标志标准		J 1093—2010	北京市燃气集团有限责任公司
119	CJJ/T 154—2011	建筑给水金属管道工程技术规程		J 1164—2011	中国建筑金属结构协会 中太建设集团股份有限公司
120	CJJ/T 155—2011	建筑给水复合管道工程技术规程		J 1163—2011	中国建筑金属机构协会 浙江宝业建设集团有限公司
121	CJJ/T 156—2010	生活垃圾转动站评价标准		J 1121—2010	华中科技大学
122	CJJ/T 157—2010	城市三维建模技术规范		J 1129—2010	武汉市国土资源和规划局
123	CJJ/T 158—2011	城建档案业务管理规范		J 1143—2011	住房和城乡建设部城建档案工作办公室 北京市城建档案馆
124	CJJ 159—2011	城镇供水管网漏水探测技术规程		J 1145—2011	中国城市建设研究院有限公司
125	CJJ 160—2011	公共浴场给水排水工程技术规程		J 1222—2011	中国建筑设计研究院 杭州萧宏建设集团有限公司
126	CJJ 161—2011	污水处理卵形消化池工程技术规程		J 1181—2011	中建八局第三建设有限公司 中国建筑股份有限公司

序号	标准编号	标准名称	被代替标准编号	备案号	主编单位
127	CJJ/T 162—2011	城市轨道交通自动售检票系统检测技术规程		J 1191—2011	广州市地下铁道总公司
128	CJJ/T 163—2011	村庄污水处理设施技术规程		J 1219—2011	中国科学院生态环境研究中心
129	CJJ/T 164—2011	盾构隧道管片质量检测技术标准		J 1194—2011	广东省建筑科学研究院 中铁二十五局集团有限公司
130	CJJ/T 165—2011	建筑排水复合管道工程技术规程		J 1328—2011	中国建筑金属结构协会 上海城建建设实业（集团）有限公司
131	CJJ 166—2011	城市桥梁抗震设计规范		J 1224—2011	同济大学
132	CJJ 167—2012	城市轨道交通直线电机牵引系统设计规范		J 1394—2012	广州地铁设计研究院有限公司
133	CJJ/T 168—2011	镇（乡）村绿地分类标准		J 1327—2011	湖南城市学院
134	CJJ 169—2012	城镇道路路面设计规范		J 1340—2012	上海市政工程设计研究总院（集团）有限公司
135	CJJ/T 171—2012	风景园林标志标准		J 1392—2012	天津师范大学
136	CJJ/T 172—2011	生活垃圾堆肥厂评价标准		J 1337—2011	中国城市建设研究院有限公司
137	CJJ/T 173—2012	风景名胜区游览解说系统标准		J 1349—2012	中国城市建设研究院有限公司
138	CJJ/T 174—2013	城市水域保洁作业及质量标准		J 1649—2013	上海环境实业有限公司
139	CJJ 175—2012	生活垃圾卫生填埋气体收集处理及利用工程运行维护技术规程		J 1348—2012	中国科学院武汉岩土力学研究所 杭州市环境集团有限公司
140	CJJ 176—2012	生活垃圾卫生填埋场岩土工程技术规范		J 1347—2012	浙江大学
141	CJJ/T 177—2012	气泡混合轻质土填筑工程技术规程		J 1352—2012	广东冠生土木工程技术有限公司 深圳市市政工程有限公司
142	CJJ/T 178—2012	公共汽电车行车监控及集中高度系统技术规程		J 1415—2012	中国城市公共交通协会
143	CJJ/T 179—2012	生活垃圾收集站技术规程		J 1430—2012	青岛市环境卫生科研所
144	CJJ/T 180—2012	城市轨道交通工程档案整理标准		J 1465—2012	天津市地下铁道集团有限公司 天津市城市建设档案馆
145	CJJ 181—2012	城镇排水管道检测与评估技术规程		J 1441—2012	广州市市政集团有限公司

序号	标准编号	标准名称	被代替标准编号	备案号	主编单位
146	CJJ/T 182—2014	城镇供水与污水处理化验室技术规范		J 1890—2014	天津市供水管理处 中国城镇供水排水协会
147	CJJ 183—2012	城市轨道交通站台屏蔽门系统技术规范		J 1444—2012	广州市地下铁道总公司
148	CJJ 184—2012	餐厨垃圾处理技术规范		J 1495—2013	中国城市建设研究院有限公司
149	CJJ/T 185—2012	城镇供热系统节能技术规范		J 1480—2012	北京市煤气热力工程设计院有限公司
150	CJJ/T 186—2012	城市地理编码技术规范		J 1481—2012	建设综合勘察研究设计院有限公司
151	CJJ/T 187—2012	建设电子档案元数据标准		J 1479—2012	住房和城乡建设部城建档案工作办公室 珠海市城市建设档案馆
152	CJJ/T 188—2012	透水砖路面技术规程		J 1475—2012	大连九州建设集团有限公司
153	CJJ/T 189—2014	镇（乡）村仓储用地规划规范		J 1734—2014	吉林省城乡规划设计研究院
154	CJJ/T 190—2012	透水沥青路面技术规程		J 1443—2012	长安大学
155	CJJ/T 191—2012	浮置板轨道技术规范		J 1477—2012	深圳市地铁集团有限公司
156	CJJ/T 192—2012	盾构可切削混凝土配筋技术规程		J 1471—2012	深圳市海川实业股份有限公司 中铁二院工程集团有限责任公司
157	CJJ 193—2012	城市道路路线设计规范		J 1470—2012	上海市政工程设计研究总院（集团）有限公司
158	CJJ 194—2013	城市道路路基设计规范		J 1590—2013	同济大学
159	CJJ/T 195—2013	风景名胜区监督管理信息系统技术规范		J 1504—2013	北京建设数字科技股份有限公司 中国风景名胜区协会
160	CJJ/T 196—2012	住房保障信息系统技术规范		J 1476—2012	哈尔滨工业大学 住房和城乡建设部信息中心
161	CJJ/T 197—2012	住房保障基础信息数据标准		J 1483—2012	江苏省住房和城乡建设厅住宅与房地产业促进中心 住房和城乡建设部信息中心
162	CJJ/T 198—2013	城市轨道交通接触轨供电系统技术规范		J 1643—2013	广州市地下铁道总公司
163	CJJ/T 199—2013	城市规划数据标准		J 1655—2013	中国城市规划设计研究院
164	CJJ 200—2014	城市供热管网暗挖工程技术规程		J 1893—2014	北京市热力集团有限责任公司

序号	标准编号	标准名称	被代替标准编号	备案号	主编单位
165	CJJ 201—2013	直线电机轨道交通施工及验收规范		J 1646—2013	广州市地下铁道总公司
166	CJJ/T 202—2013	城市轨道交通结构安全保护技术规范		J 1645—2013	广州地铁设计研究院有限公司
167	CJJ 203—2013	城镇供热系统抢修技术规程		J 1653—2013	北京市热力集团有限责任公司
168	CJJ/T 204—2013	生活垃圾土土工试验技术规程		J 1642—2013	中国科学院武汉岩土力学研究所
169	CJJ 205—2013	生活垃圾收集运输技术规程		J 1672—2013	华中科技大学 中国城市建设研究院有限公司
170	CJJ/T 206—2013	城市道路低吸热路面技术规范		J 1688—2013	长安大学
171	CJJ 207—2013	城镇供水管网运行、维护及安全技术规程		J 1669—2013	中国城镇供水排水协会
172	CJJ/T 208—2014	磷矿尾矿砂道路基（垫）层施工及质量验收规范		J 1830—2014	锦宸集团有限公司 江苏省盐阜建设集团有限公司
173	CJJ/T 209—2013	塑料排水检查井应用技术规程		J 1703—2013	昆明普尔顿环保科技股份有限公司 云南巨和建设集团有限公司
174	CJJ/T 210—2014	城镇排水管道非开挖修复更新工程技术规程		J 1735—2014	中国地质大学（武汉）
175	CJJ/T 211—2014	粪便处理厂评价标准		J 1841—2014	华中科技大学
176	CJJ/T 212—2015	生活垃圾焚烧厂运行监管标准		J 1991—2015	中国城市建设研究院有限公司
177	CJJ/T 213—2016	生活垃圾卫生填埋场运行监管标准		J 2226—2016	上海市环境工程设计科学研究院有限公司 中国城市建设研究院有限公司
178	CJJ/T 214—2016	生活垃圾填埋场防渗土工膜渗漏破损探测技术规程		J 1269—2016	武汉市环境卫生科学研究设计院 中国科学院武汉岩土力学研究所
179	CJJ/T 215—2014	城镇燃气管网泄漏检测技术规程		J 1755—2014	北京市燃气集团有限责任公司
180	CJJ/T 216—2014	燃气热泵空调系统工程技术规程		J 1756—2014	北京市公用事业科学研究所
181	CJJ 217—2014	盾构法开仓及气压作业技术规范		J 1837—2014	广州地铁设计研究院有限公司 中铁隧道股份有限公司

序号	标准编号	标准名称	被代替标准编号	备案号	主编单位
182	CJJ/T 218—2014	城市道路彩色沥青混凝土路面技术规程		J 1914—2014	河南省公路工程局集团有限公司 安阳建工（集团）有限责任公司
183	CJJ/T 220—2014	城镇供热系统标志标准		J 1826—2014	唐山市热力总公司
184	CJJ 221—2015	城市地下道路工程设计规范		J 1994—2015	上海市政工程设计研究总院
185	CJJ/T 222—2015	喷泉水景工程技术规程		J 1987—2015	中国建筑金属结构协会 浙江鸿翔建设集团有限公司
186	CJJ/T 223—2014	供热计量系统运行技术规程		J 1896—2014	哈尔滨工业大学
187	CJJ 224—2014	城镇给水预应力钢筒混凝土管管道工程技术规程		J 1922—2014	中国市政工程华北设计研究总院
188	CJJ/T 225—2016	城镇供水行业职业技能标准		J 2172—2016	南京市自来水总公司
189	CJJ/T 226—2014	城镇供水管网抢修技术规程		J 1889—2014	绍兴市水联建设工程有限责任公司 无锡市给排水工程有限责任公司
190	CJJ/T 227—2014	城市照明自动控制系统技术规范		J 1913—2014	中国城市科学研究会
191	CJJ/T 228—2014	城镇污水处理厂运营质量评价标准		J 1966—2015	北京城市排水集团有限责任公司 中国人民大学
192	CJJ/T 229—2015	城镇给水微污染水预处理技术规程		J 1985—2015	上海市政工程设计研究总院（集团）有限公司
193	CJJ/T 230—2015	排水工程混凝土模块砌体结构技术规程		J 1984—2015	北京市市政工程研究院 云南官房建筑集团股份有限公司
194	CJJ 231—2015	生活垃圾焚烧厂检修规程		J 2086—2015	深圳能源集团股份有限公司 深圳市能源环保有限公司
195	CJJ 232—2016	建筑同层排水工程技术规程		J 2203—2016	中国建筑金属结构协会 华东建筑设计研究院有限公司
196	CJJ/T 233—2015	城市桥梁检测与评定技术规范		J 2091—2015	中国建筑科学研究院 广东省建筑科学研究院
197	CJJ/T 234—2015	国家重点公园评价标准		J 2056—2015	北京市公园管理中心
198	CJJ/T 235—2015	城镇桥梁钢结构防腐蚀涂装工程技术规程		J 2090—2015	华恒建设集团有限公司 浙江新东阳建设集团有限公司

序号	标准编号	标准名称	被代替标准编号	备案号	主编单位
199	CJJ/T 236—2015	垂直绿化工程技术规程		J 2082—2015	中国城市建设研究院有限公司 江苏中兴建设有限公司
200	CJJ/T 237—2016	园林行业职业技能标准		J 2173—2016	江苏省常州建设高等职业技术学校
201	CJJ/T 238—2016	抗车辙沥青混合料应用技术规程		J 2273—2016	济南城建集团有限公司 浙江欣捷建设有限公司
202	CJJ/T 239—2016	城市桥梁结构加固技术规程		J 2286—2016	广州市市政集团有限公司 杭州市市政工程集团有限公司
203	CJJ/T 240—2015	动物园术语标准		J 2106—2015	北京动物园
204	CJJ/T 241—2016	城镇供热监测与调控系统技术规程		J 2285—2016	北京市热力集团有限责任公司 北京市热力工程设计有限责任公司
205	CJJ 242—2016	城市道路与轨道交通合建桥梁设计规范		J 2275—2016	上海市政工程设计研究总院（集团）有限公司
206	CJJ/T 243—2016	城镇污水处理厂臭气处理技术规程		J 1270—2016	上海市政工程设计研究总院（集团）有限公司
207	CJJ/T 244—2016	城镇给水管道非开挖修复更新工程技术规程		J 2167—2016	中国城镇供水排水协会
208	CJJ/T 245—2016	住宅生活排水系统立管排水能力测试标准		J 2171—2016	中国建筑设计研究院 大元建业集团股份有限公司
209	CJJ/T 246—2016	镇（乡）村给水工程规划规范		J 2204—2016	上海市政工程设计研究总院
210	CJJ/T 247—2016	供热站房噪声与振动控制技术规程		J 2269—2016	北京市热力工程设计有限责任公司
211	CJJ 248—2016	城市梁桥拆除工程安全技术规范		J 2175—2016	宁波市政工程建设集团股份有限公司 宏润建设集团股份有限公司
212	CJJ/T 249—2016	市政公用设施运行管理人员职业标准		J 2214—2016	中国建设教育协会
213	CJJ/T 250—2016	城镇燃气管道穿跨越工程技术规程		J 2205—2016	建设部沈阳煤气热力研究设计院
214	CJJ/T 251—2017	城镇给水膜处理技术规程		J 2321—2017	上海市政工程设计研究总院（集团）有限公司 哈尔滨工业大学
215	CJJ 252—2016	城镇污水再生利用设施运行、维护及安全技术规程		J 2283—2016	北京城市排水集团有限责任公司 天津中水有限公司

序号	标准编号	标准名称	被代替标准编号	备案号	主编单位
216	CJJ/T 253—2016	再生骨料透水混凝土应用技术规程		J 2200—2016	湖南顺天建设集团有限公司 安徽三建工程有限公司
217	CJJ/T 254—2016	城镇供热直埋热水管道泄漏监测系统技术规程		J 2270—2016	北京豪特耐管道设备有限公司
218	CJJ/T 255—2017	中低速磁浮交通运行控制技术规范		J 2358—2017	北京控股磁悬浮技术发展有限公司 北京全路通信信号研究设计院集团有限公司
219	CJJ/T 256—2016	中低速磁浮交通供电技术规范		J 2284—2016	北京控股磁悬浮技术发展有限公司 铁道第三勘察设计院集团有限公司
220	CJJ/T 257—2017	住宅专项维修资金管理基础信息数据标准		J 2324—2017	成都市城乡房产管理局
221	CJJ/T 258—2017	住宅专项维修资金管理信息系统技术规范		J 2323—2017	成都市城乡房产管理局
222	CJJ/T 259—2016	城镇燃气自动化系统技术规范		J 2287—2016	中国城市燃气协会
223	CJJ/T 260—2016	道路深层病害非开挖处治技术规程		J 2318—2016	郑州安源工程技术有限公司 中国建筑第七工程局有限公司
224	CJJ/T 261—2017	城市照明合同能源管理技术规程		J 2322—2017	中国城市科学研究会
225	CJJ/T 262—2017	中低速磁浮交通设计规范		J 2373—2017	同济大学 北京控股磁悬浮技术发展有限公司
226	CJJ/T 263—2017	动物园管理规范		J 2326—2017	北京动物园
227	CJJ/T 264—2017	生活垃圾渗沥液膜生物反应处理系统技术规程		J 2327—2017	华中科技大学 武汉天源环保集团
228	CJJ 266—2017	城市轨道交通梯形轨枕轨道工程施工及质量验收规范		J 2325—2017	北京市轨道交通建设管理有限公司 北京城建科技促进会
229	CJJ 267—2017	动物园设计规范		J 2334—2017	深圳市北林苑景观及建筑规划设计院有限公司 北京动物园
230	CJJ/T 268—2017	城镇燃气工程智能化技术规范		J 2352—2017	北京市燃气集团有限责任公司
231	CJJ/T 269—2017	城市综合地下管线信息系统技术规范		J 2333—2017	住房和城乡建设部科技与产业化发展中心 住房和城乡建设部城建档案工作办公室

序号	标准编号	标准名称	被代替标准编号	备案号	主编单位
232	CJJ/T 270—2017	生活垃圾焚烧厂标识标志标准		J 2355—2017	深圳能源集团股份有限公司 深圳市能源环保有限公司
233	CJJ/T 271—2017	城镇供水水质在线监测技术标准		J 2469—2018	中国城市规划设计研究院 上海市供水调度监测中心
234	CJJ/T 272—2017	波形钢腹板组合梁桥技术标准		J 2467—2018	深圳市市政设计研究院有限公司 河南大建桥梁钢构股份有限公司
235	CJJ 274—2018	城镇环境卫生设施除臭技术标准		J 2638—2019	中国城市建设研究院有限公司 上海野马环保设备工程有限公司
236	CJJ/T 275—2018	市政工程施工安全检查标准		J 2526—2018	重庆建工第九建设有限公司 重庆财信建筑工程（集团）有限公司
237	CJJ/T 276—2018	预弯预应力组合梁桥技术标准		J 2479—2018	东南大学 北京市市政工程设计研究总院有限公司
238	CJJ/T 277—2018	自动导向轨道交通设计标准		J 2485—2018	广州地铁设计研究院有限公司
239	CJJ/T 278—2017	城市轨道交通工程远程监控系统技术标准		J 2468—2018	中南大学 重庆交通建设（集团）有限责任公司
240	CJJ/T 279—2018	城镇桥梁沥青混凝土桥面铺装施工技术标准		J 2533—2018	武汉市市政建设集团有限公司 浙江湖州市建工集团有限公司
241	CJJ/T 280—2018	纤维增强复合材料筋混凝土桥梁技术标准		J 2534—2018	上海市城市建设设计研究总院（集团）有限公司 同济大学
242	CJJ/T 281—2018	桥梁悬臂浇筑施工技术标准		J 2531—2018	上海建工四建集团有限公司 龙元建设集团股份有限公司
243	CJJ/T 283—2018	园林绿化工程盐碱地改良技术标准		J 2596—2018	江苏山水环境建设集团股份有限公司 中国城市建设研究院有限公司
244	CJJ/T 284—2018	热力机械顶管技术标准		J 2597—2018	北京市热力工程设计有限责任公司
245	CJJ/T 285—2018	一体化预制泵站工程技术标准		J 2636—2019	上海市政工程设计研究总院（集团）有限公司 格兰富水泵（上海）有限公司

序号	标准编号	标准名称	被代替标准编号	备案号	主编单位
246	CJJ/T 286—2018	土壤固化剂应用技术标准		J 2565—2018	福建省建筑科学研究院 福建巨岸工程建设有限公司
247	CJJ/T 287—2018	园林绿化养护标准		J 2595—2018	北京市园林科学研究院 上海市绿化和市容管理局
248	CJJ/T 288—2018	城市轨道交通架空接触网技术标准		J 2637—2019	中铁二院工程集团有限责任公司
249	CJJ/T 289—2018	城市轨道交通隧道结构养护技术标准		J 2639—2019	同济大学 广州地铁设计研究院有限公司
250	CJJ/T 292—2018	边坡喷播绿化工程技术标准		J 2594—2018	青岛冠中生态股份有限公司 中国公园协会

（三）建筑工程行业标准

序号	标准编号	标准名称	被代替标准编号	备案号	主编单位
1	JGJ 1—2014	装配式混凝土结构技术规程	JGJ 1—91	J 1736—2014	中国建筑标准设计研究院 中国建筑科学研究院
2	JGJ 3—2010	高层建筑混凝土结构技术规程	JGJ 3—2002	J 186—2010	中国建筑科学研究院
3	JGJ 6—2011	高层建筑箱形与筏形基础技术规范	JGJ 6—99	J 1160—2011	中国建筑科学研究院
4	JGJ 7—2010	空间网格结构技术规程	JGJ 7—91 JGJ 61—2003	J 1072—2010	中国建筑科学研究院
5	JGJ 8—2016	建筑变形测量规范	JGJ 8—2007	J 719—2016	建设综合勘察研究设计院
6	JGJ/T 10—2011	混凝土泵送施工技术规程	JGJ/T 10—95	J 1223—2011	中国建筑科学研究院 浙江省二建建设集团有限公司
7	JGJ 12—2006	轻骨料混凝土结构技术规程	JGJ 12—99	J 515—2006	中国建筑科学研究院
8	JGJ 13—2014	约束砌体与配筋砌体结构技术规程	JGJ/T 13—94	J 1802—2014	中国建筑科学研究院 巨匠建设集团有限公司
9	JGJ/T 14—2011	混凝土小型空心砌块建筑技术规程	JGJ/T 14—2004	J 361—2011	四川省建筑科学研究院 广西建工集团第五建筑工程公司
10	JGJ/T 15—2008	早期推定混凝土强度试验方法标准	JGJ 15—83	J 784—2008	中国建筑科学研究院
11	JGJ 16—2008	民用建筑电气设计规范	JGJ/T 16—92	J 778—2008	中国建筑东北设计研究院
12	JGJ/T 17—2008	蒸压加气混凝土建筑应用技术规程	JGJ/T 17—84	J 824—2008	北京市建筑设计研究院 哈尔滨市建筑设计院
13	JGJ 18—2012	钢筋焊接及验收规程	JGJ 18—2003	J 253—2012	陕西省建筑科学研究院
14	JGJ 19—2010	冷拔低碳钢丝应用技术规程	JGJ 19—92	J 992—2010	中国建筑科学研究院 江西省建工集团公司
15	JGJ 22—2012	钢筋混凝土薄壳结构设计规程	JGJ/T 22—98	J 1400—2012	中国建筑科学研究院
16	JGJ/T 23—2011	回弹法检测混凝土抗压强度技术规程	JGJ/T 23—2001	J 115—2011	陕西省建筑科学研究院 浙江海天建设集团有限公司
17	JGJ 25—2010	档案馆建筑设计规范	JGJ 25—2000	J 1079—2010	国家档案局档案科学技术研究院
18	JGJ 26—2018	严寒和寒冷地区居住建筑节能设计标准	JGJ 26—2010	J 997—2019	中国建筑科学研究院有限公司

序号	标准编号	标准名称	被代替标准编号	备案号	主编单位
19	JGJ/T 27—2014	钢筋焊接接头试验方法标准	JGJ/T 27—2001	J 1829—2014	陕西省建筑科学研究院 陕西建工集团总公司
20	JGJ/T 29—2015	建筑涂饰工程施工及验收规程	JGJ/T 29—2003	J 250—2015	住房和城乡建设部住宅产业化促进中心 山东宁建建设集团有限公司
21	JGJ/T 30—2015	房地产业基本术语标准	JGJ/T 30—2003	J 251—2015	上海市房地产科学研究院 上海建工四建集团有限公司
22	JGJ 31—2003	体育建筑设计规范		J 265—2003	北京市建筑设计研究院
23	JGJ 33—2012	建筑机械使用安全技术规程	JGJ 33—2001	J 119—2012	江苏省华建建设股份有限公司 江苏邗建集团有限公司
24	JGJ 35—87	建筑气象参数标准			中南地区建筑标准设计协作组办公室
25	JGJ 36—2016	宿舍建筑设计规范	JGJ 36—2005	J 480—2016	中国建筑标准设计研究院有限公司
26	JGJ 38—2015	图书馆建筑设计规范	JGJ 38—99	J 2081—2015	中国建筑西北设计研究院有限公司
27	JGJ 39—2016	托儿所、幼儿园建筑设计规范	JGJ 39—87	J 2176—2016	黑龙江省建筑设计研究院
28	JGJ 40—2019	疗养院建筑设计规范	JGJ 40—87		北京建工建筑设计研究院 北京建工四建工程建设有限公司
29	JGJ/T 41—2014	文化馆建筑设计规范	JGJ 41—87	J 1912—2014	吉林省建苑设计集团有限公司 中国艺术科技研究所
30	JGJ 46—2005	施工现场临时用电安全技术规范	JGJ 46—88	J 405—2005	沈阳建筑大学
31	JGJ 48—2014	商店建筑设计规范	JGJ 48—88	J 1839—2014	中南建筑设计院
32	JGJ 51—2002	轻骨料混凝土技术规程	JGJ 51—90	J 215—2002	中国建筑科学研究院
33	JGJ 52—2006	普通混凝土用砂、石质量及检验方法标准	JGJ 52—92 JGJ 53—92	J 628—2006	中国建筑科学研究院
34	JGJ/T 53—2011	房屋渗漏修缮技术规程	CJJ 62—95	J 1158—2011	河南国基建设集团公司 新蒲建设集团有限公司
35	JGJ 55—2011	普通混凝土配合比设计规程	JGJ 55—2000	J 64—2011	中国建筑科学研究院
36	JGJ 57—2016	剧场建筑设计规范	JGJ 57—2000	J 67—2016	中国建筑西南设计研究院
37	JGJ 58—2008	电影院建筑设计规范	JGJ 58—88	J 785—2008	中广电广播电影电视设计研究院 中国电影科学技术研究所
38	JGJ 59—2011	建筑施工安全检查标准	JGJ 59—99	J 1334—2011	天津市建工工程总承包公司 中启胶建集团有限公司

序号	标准编号	标准名称	被代替标准编号	备案号	主编单位
39	JGJ/T 60—2012	交通客运站建筑设计规范	JGJ 60—99 JGJ 86—92	J 1473—2012	大连市建筑设计研究院 甘肃省建筑设计研究院
40	JGJ 62—2014	旅馆建筑设计规范	JGJ 62—90	J 1895—2014	中国建筑设计院有限公司
41	JGJ 63—2006	混凝土用水标准	JGJ 63—89	J 531—2006	中国建筑科学研究院
42	JGJ 64—2017	饮食建筑设计标准	JGJ 64—89	J 2394—2017	中国建筑东北设计院有限公司
43	JGJ 65—2013	液压滑动模板施工安全技术规程	JGJ 65—89	J 1600—2013	中冶建筑研究总院 江苏江都建设集团有限公司
44	JGJ 66—2015	博物馆建筑设计规范	JGJ 66—91	J 2055—2015	华东建筑设计研究院有限公司
45	JGJ 67—2006	办公建筑设计规范	JGJ 67—89	J 556—2006	浙江省建筑设计研究院
46	JGJ 69—90	PY 型预钻式旁压试验规程			常州市建筑设计院
47	JGJ/T 70—2009	建筑砂浆基本性能试验方法标准	JGJ 70—90	J 856—2009	陕西省建筑科学研究院 山河建设集团有限公司
48	JGJ/T 72—2017	高层建筑岩土工程勘察标准	JGJ 72—2004	J 366—2017	机械工业勘察设计研究院有限公司
49	JGJ/T 74—2017	建筑工程大模板技术标准	JGJ 74—2003	J 270—2018	中国建筑科学研究院有限公司 武汉东方建设集团有限公司
50	JGJ 75—2012	夏热冬暖地区居住建筑节能设计标准	JGJ 75—2003	J 1482—2012	中国建筑科学研究院 广东省建筑科学研究院
51	JGJ 76—2003	特殊教育学校建筑设计规范	JGJ 76—2003	J 282—2003	西安建筑科技大学
52	JGJ/T 77—2010	施工企业安全生产评价标准	JGJ/T 77—2003	J 278—2010	上海市建设工程安全质量监督总站
53	JGJ 79—2012	建筑地基处理技术规范	JGJ 79—2002	J 220—2012	中国建筑科学研究院
54	JGJ 80—2016	建筑施工高处作业安全技术规范	JGJ 80—91	J 2227—2016	上海市建筑施工技术研究所
55	JGJ 82—2011	钢结构高强度螺栓连接技术规程	JGJ 82—91	J 1141—2011	中冶建筑研究总院
56	JGJ 83—2011	软土地区岩土工程勘察规程	JGJ 83—91	J 1186—2011	中国建筑科学研究院
57	JGJ/T 84—2015	岩土工程勘察术语标准	JGJ 84—92	J 1981—2015	建设综合勘察研究设计院
58	JGJ 85—2010	预应力筋用锚具、夹具和连接器应用技术规程	JGJ 85—2002	J 1006—2010	中国建筑科学研究院 歌山建设集团有限公司

序号	标准编号	标准名称	被代替标准编号	备案号	主编单位
59	JGJ/T 87—2012	建筑工程地质勘探与取样技术规程	JGJ 87—92	J 1343—2012	中南勘察设计院
60	JGJ 88—2010	龙门架及井架物料提升机安全技术规范	JGJ 88—92	J 1083—2010	天津市建工集团（控股）有限公司 天津市建工工程总承包有限公司
61	JGJ 91—93	科学实验建筑设计规范			中国科学院北京建筑设计研究院
62	JGJ 92—2016	无粘结预应力混凝土结构技术规程	JGJ 92—2004	J 409—2016	中国建筑科学研究院
63	JGJ 94—2008	建筑桩基技术规范	JGJ 94—94	J 793—2008	中国建筑科学研究院
64	JGJ 95—2011	冷轧带肋钢筋混凝土结构技术规程	JGJ 95—2003	J 254—2011	中国建筑科学研究院 中鑫建设集团有限公司
65	JGJ 96—2011	钢框胶合板模板技术规程	JGJ 96—95	J 1140—2011	中国建筑科学研究院 温州中城建设集团有限公司
66	JGJ/T 97—2011	工程抗震术语标准	JGJ/T 97—95	J 1159—2011	中国建筑科学研究院
67	JGJ/T 98—2010	砌筑砂浆配合比设计规程	JGJ 98—2000	J 65—2010	陕西省建筑科学研究院 浙江八达建设集团有限公司
68	JGJ 99—2015	高层民用建筑钢结构技术规程	JGJ 99—98	J 2105—2015	中国建筑技术研究院标准设计研究所
69	JGJ 100—2015	车库建筑设计规范	JGJ 100—98	J 1996—2015	北京建筑工程学院
70	JGJ/T 101—2015	建筑抗震试验规程	JGJ 101—96	J 1988—2015	中国建筑科学研究院
71	JGJ 102—2003	玻璃幕墙工程技术规范	JGJ 102—96	J 280—2003	中国建筑科学研究院
72	JGJ 103—2008	塑料门窗安装及验收规程	JGJ 103—96	J 811—2008	中国建筑科学研究院
73	JGJ/T 104—2011	建筑工程冬期施工规程	JGJ/T 104—97	J 1189—2011	黑龙江省寒地建筑科学研究院 天元建设集团有限公司
74	JGJ/T 105—2011	机械喷涂抹灰施工规程	JGJ/T 105—96	J 1232—2011	中国建筑科学研究院 华丰建设股份有限公司
75	JGJ 106—2014	建筑基桩检测技术规范	JGJ 106—2003	J 256—2014	中国建筑科学研究院
76	JGJ 107—2016	钢筋机械连接技术规程	JGJ 108—96 JGJ 109—96 JGJ 107—2010	J 986—2016	中国建筑科学研究院 荣盛建设工程有限公司
77	JGJ 110—2017	建筑工程饰面砖粘结强度检验标准	JGJ 110—2008	J 787—2017	中国建筑科学研究院 北京城建亚泰建设集团有限公司

序号	标准编号	标准名称	被代替标准编号	备案号	主编单位
78	JGJ 111—2016	建筑与市政工程地下水控制技术规范	JGJ/T 111—98	J 2772—2016	建设综合勘察研究设计院有限公司
79	JGJ 113—2015	建筑玻璃应用技术规程	JGJ 113—2009	J 2080—2015	中国建筑材料科学研究总院 云南建工第三建设有限公司
80	JGJ 114—2014	钢筋焊接网混凝土结构技术规程	JGJ 114—2003	J 1739—2014	中国建筑科学研究院 浙江鸿翔建设集团有限公司
81	JGJ 116—2009	建筑抗震加固技术规程	JGJ 116—98	J 886—2009	中国建筑科学研究院
82	JGJ 117—98	民用建筑修缮工程查勘与设计规程			上海市房屋土地管理局
83	JGJ 118—2011	冻土地区建筑地基基础设计规范	JGJ 118—98	J 1231—2011	黑龙江省寒地建筑科学研究院 大连阿尔滨集团有限公司
84	JGJ/T 119—2008	建筑照明术语标准	JGJ/T 119—98	J 827—2008	中国建筑科学研究院
85	JGJ 120—2012	建筑基坑支护技术规程	JGJ 120—99	J 1412—2012	中国建筑科学研究院
86	JGJ/T 121—2015	工程网络计划技术规程	JGJ/T 121—99	J 1992—2015	江苏中南建筑产业集团有限责任公司 东南大学
87	JGJ 123—2012	既有建筑地基基础加固技术规范	JGJ 123—2000	J 1447—2012	中国建筑科学研究院
88	JGJ 124—99	殡仪馆建筑设计规范			民政部 101 研究所
89	JGJ 125—2016	危险房屋鉴定标准	JGJ 125—99（2004 年版）	J 2228—2016	上海市房地产科学研究院 舜元建设（集团）有限公司
90	JGJ 126—2015	外墙饰面砖工程施工及验收规程	JGJ 126—2000	J 23—2015	中国建筑科学研究院 浙江环宇建设集团有限公司
91	JGJ 128—2010	建筑施工门式钢管脚手架安全技术规范	JGJ 128—2000	J 43—2010	哈尔滨工业大学 浙江宝业建设集团有限公司
92	JGJ/T 129—2012	既有居住建筑节能改造技术规程	JGJ 129—2000	J 1468—2012	中国建筑科学研究院
93	JGJ 130—2011	建筑施工扣件式钢管脚手架安全技术规范	JGJ 130—2001	J 84—2011	中国建筑科学研究院 江苏南通二建集团有限公司
94	JGJ/T 131—2012	体育场馆声学设计及测量规程	JGJ/T 131—2000	J 42—2012	中国建筑科学研究院

序号	标准编号	标准名称	被代替标准编号	备案号	主编单位
95	JGJ/T 132—2009	居住建筑节能检验标准	JGJ 132—2001	J 85—2009	中国建筑科学研究院
96	JGJ 133—2001	金属与石材幕墙工程技术规范		J 113—2001	中国建筑科学研究院
97	JGJ 134—2010	夏热冬冷地区居住建筑节能设计标准	JGJ 134—2001	J 995—2010	中国建筑科学研究院
98	JGJ/T 135—2018	载体桩技术标准	JGJ 135—2007	J 121—2018	北京波森特岩土工程有限公司 福建省泷澄建设集团有限公司
99	JGJ/T 136—2017	贯入法检测砌筑砂浆抗压强度技术规程	JGJ/T 136—2001	J 131—2017	中国建筑科学研究院
100	JGJ 138—2016	组合结构设计规范	JGJ 138—2001	J 130—2016	中国建筑科学研究院
101	JGJ/T 139—2001	玻璃幕墙工程质量检验标准		J 139—2001	国家建筑工程质量监督检验中心
102	JGJ 140—2004	预应力混凝土结构抗震设计规程		J 301—2004	中国建筑科学研究院
103	JGJ/T 141—2017	通风管道技术规程	JGJ 141—2004	J 363—2017	中国安装协会 北京市设备安装工程集团有限公司
104	JGJ 142—2012	辐射供暖供冷技术规程	JGJ 142—2004	J 1445—2012	中国建筑科学研究院
105	JGJ/T 143—2017	多道瞬态面波勘察技术规程	JGJ/T 143—2004	J 370—2017	北京市水电物探研究所
106	JGJ 144—2004	外墙外保温工程技术规程		J 408—2005	建设部科技发展促进中心
107	JGJ 145—2013	混凝土结构后锚固技术规程	JGJ 145—2004	J 1595—2013	中国建筑科学研究院 科达集团股份有限公司
108	JGJ 146—2013	建设工程施工现场环境与卫生标准	JGJ 146—2004	J 375—2013	北京建工一建工程建设公司 北京市第三建筑工程公司
109	JGJ 147—2016	建筑拆除工程安全技术规范	JGJ 147—2004	J 376—2016	北京建工集团有限责任公司 北京国际建设集团有限公司
110	JGJ 149—2017	混凝土异形柱结构技术规程	JGJ 149—2006	J 514—2017	天津大学 山西六建集团有限公司
111	JGJ/T 150—2018	擦窗机安装工程质量验收标准	JGJ 150—2008	J 799—2018	中国建筑科学研究院 海力控股集团有限公司
112	JGJ 151—2008	建筑门窗玻璃幕墙热工计算规程		J 828—2008	广东省建筑科学研究院 广东省建筑工程集团有限公司

序号	标准编号	标准名称	被代替标准编号	备案号	主编单位
113	JGJ/T 152—2008	混凝土中钢筋检测技术规程		J 794—2008	中国建筑科学研究院
114	JGJ 153—2016	体育场馆照明设计及检测标准	JGJ 153—2007	J 684—2016	中国建筑科学研究院 深圳市建安（集团）股份有限公司
115	JGJ/T 154—2007	民用建筑能耗数据采集标准		J 685—2007	深圳市建筑科学研究院
116	JGJ 155—2013	种植屋面工程技术规程	JGJ 155—2007	J 683—2013	中国建筑防水协会 天津天一建设集团有限公司
117	JGJ 156—2008	镇（乡）村文化中心建筑设计规范		J 797—2008	中国建筑科学研究院
118	JGJ/T 157—2014	建筑轻质条板隔墙技术规程	JGJ/T 157—2008	J 786—2014	国家住宅与居住环境工程技术研究中心 江苏九鼎环球建设科技集团
119	JGJ 158—2008	蓄冷空调工程技术规程		J 812—2008	中国建筑科学研究院
120	JGJ 159—2008	古建筑修建工程施工与质量验收规范		J 813—2008	苏州市房产管理局
121	JGJ 160—2008	施工现场机械设备检查技术规程		J 817—2008	中国建筑业协会机械管理与租赁分会
122	JGJ 161—2008	镇（乡）村建筑抗震技术规程		J 798—2008	中国建筑科学研究院
123	JGJ 162—2008	建筑施工模板安全技术规范		J 814—2008	沈阳建筑大学
124	JGJ/T 163—2008	城市夜景照明设计规范		J 822—2008	中国建筑科学研究院
125	JGJ 164—2008	建筑施工木脚手架安全技术规范		J 815—2008	沈阳建筑大学 浙江八达建设集团有限公司
126	JGJ 165—2010	地下建筑工程逆作法技术规程		J 1138—2010	黑龙江省建工集团有限责任公司 哈尔滨市城乡建设委员会
127	JGJ 166—2016	建筑施工碗扣式钢管脚手架安全技术规范	JGJ 166—2008	J 823—2016	江苏兴厦建设工程集团有限公司 重庆建工第九建设有限公司
128	JGJ 167—2009	湿陷性黄土地区建筑基坑工程安全技术规程		J 859—2009	陕西省建设集团工程质量安全监督总站
129	JGJ 168—2009	建筑外墙清洗维护技术规程		J 857—2009	上海市房地产科学研究院
130	JGJ 169—2009	清水混凝土应用技术规程		J 858—2009	中国建筑股份有限公司 中建三局建设工程公司

序号	标准编号	标准名称	被代替标准编号	备案号	主编单位
131	JGJ/T 170—2009	城市轨道交通引起建筑物振动与二次辐射噪声限值及其测量方法标准		J 855—2009	建设部科技发展促进中心 深圳市地铁有限公司
132	JGJ 171—2009	三岔双向挤扩灌注桩设计规程		J 864—2009	北京中阔地基基础技术有限公司
133	JGJ/T 172—2012	建筑陶瓷薄板应用技术规程	JGJ/T 172—2009	J 861—2012	北京新型材料建筑设计研究院 广东蒙娜丽莎陶瓷有限公司
134	JGJ 173—2009	供热计量技术规程		J 860—2009	中国建筑科学研究院
135	JGJ 174—2010	多联机空调系统工程技术规程		J 1001—2010	中国建筑科学研究院
136	JGJ/T 175—2018	自流平地面工程技术标准	JGJ/T 175—2009	J 884—2018	中国建材检验认证集团股份有限公司 中国建筑材料联合会地坪产业分会
137	JGJ 176—2009	公共建筑节能改造技术规范		J 885—2009	中国建筑科学研究院
138	JGJ/T 177—2009	公共建筑节能检测标准		J 970—2009	中国建筑科学研究院
139	JGJ/T 178—2009	补偿收缩混凝土应用技术规程		J 887—2009	中国建筑材料科学研究总院 长业建设集团有限公司
140	JGJ/T 179—2009	体育建筑智能化系统工程技术规程		J 889—2009	中国建筑标准设计研究院 国家体育总局体育设施建设和标准办公室
141	JGJ 180—2009	建筑施工土石方工程安全技术规范		J 888—2009	中国建筑技术集团有限公司 江苏省华建建设股份有限公司
142	JGJ/T 181—2009	房屋建筑与市政基础设施工程检测分类标准		J 968—2009	广州市建筑科学研究院 国家建筑工程质量监督检验中心
143	JGJ/T 182—2009	锚杆锚固质量无损检测技术规程		J 955—2009	长江大学
144	JGJ 183—2009	液压升降整体脚手架安全技术规程		J 892—2009	南通四建集团有限公司 苏州二建建筑集团有限公司
145	JGJ 184—2009	建筑施工作业劳动防护用品配备用使用标准		J 964—2009	北京建工集团有限责任公司 北京六建集团公司

序号	标准编号	标准名称	被代替标准编号	备案号	主编单位
146	JGJ/T 185—2009	建筑工程资料管理规程		J 951—2009	中建一局集团建设发展有限公司 苏州第一建筑集团有限公司
147	JGJ/T 186—2009	逆作复合桩基技术规程		J 952—2009	江苏南通六建建设集团有限公司 江苏江中集团有限公司
148	JGJ/T 187—2009	塔式起重机混凝土基础工程技术规程		J 953—2009	华丰建设股份有限公司 中国建筑科学研究院
149	JGJ/T 188—2009	施工现场临时建筑物技术规范		J 954—2009	福建建科建筑设计院有限公司 中国建筑第七工程局有限公司
150	JGJ/T 189—2009	建筑起重机械安全评估技术规程		J 969—2009	上海市建工设计研究院有限公司 龙元建设集团股份有限公司
151	JGJ 190—2010	建筑工程检测试验技术管理规范		J 973—2010	中国建筑一局（集团）有限公司 浙江勤业建工集团有限公司
152	JGJ/T 191—2009	建筑材料术语标准		J 996—2009	中国建筑科学研究院 安徽建工集团有限公司
153	JGJ/T 192—2009	钢筋阻锈剂应用技术规程		J 956—2009	中国建筑科学研究院 浙江中成建工集团有限公司
154	JGJ/T 193—2009	混凝土耐久性检验评定标准		J 957—2009	中国建筑科学研究院 中设建工集团有限公司
155	JGJ/T 194—2009	钢管满堂支架预压技术规程		J 958—2009	宏润建设集团股份有限公司
156	JGJ/T 195—2018	液压爬升模板工程技术标准	JGJ 195—2010	J 987—2019	江苏江都建设集团有限公司 江苏揽月工程科技发展股份有限公司
157	JGJ 196—2010	建筑塔式塔式起重机安装、使用、拆卸安全技术规程		J 974—2010	上海市建工设计研究院有限公司 上海市第四建筑有限公司
158	JGJ/T 197—2010	混凝土预制拼装塔机基础技术规程		J 1086—2010	江苏省苏中建设集团股份有限公司
159	JGJ 198—2010	施工企业工程建设技术标准化管理规范		J 993—2010	中国工程建设标准协会建筑施工专业委员会 中天建设集团有限公司
160	JGJ/T 199—2010	型钢水泥土搅拌墙技术规程		J 994—2010	上海现代设计（集团）有限公司 浙江环宇建设集团公司有限公司

序号	标准编号	标准名称	被代替标准编号	备案号	主编单位
161	JGJ/T 200—2010	喷涂聚脲防水工程技术规程		J 988—2010	中国建筑科学研究院 浙江昆仑建设集团股份有限公司
162	JGJ/T 201—2010	石膏砌块砌体技术规程		J 1003—2010	南通建筑工程总承包公司 龙信建设集团有限公司
163	JGJ 202—2010	建筑施工工具式脚手架安全技术规范		J 999—2010	中国建筑业协会建筑安全分会
164	JGJ 203—2010	民用建筑太阳能光伏系统应用技术规范		J 996—2010	中国建筑设计研究院 中国可再生能源学会太阳能建筑专业委员会
165	JGJ/T 204—2010	建筑施工企业管理基础数据标准		J 976—2010	中国建筑第七工程局有限公司
166	JGJ/T 205—2010	建筑门窗工程检测技术规程		J 991—2010	中国建筑科学研究院 浙江省建工集团有限责任公司
167	JGJ 206—2010	海砂混凝土应用技术规范		J 1038—2010	中国建筑科学研究院 浙江中联建设集团有限公司
168	JGJ/T 207—2010	装配箱混凝土空心楼盖结构技术规程		J 1008—2010	山东天齐置业集团股份有限公司 南通建工集团股份有限公司
169	JGJ/T 208—2010	后锚固法检测混凝土抗压强度技术规程		J 1007—2010	山东省建筑科学研究院 江苏盐城二建集团有限公司
170	JGJ 209—2010	轻型钢结构住宅技术规程		J 1009—2010	中国建筑科学研究院
171	JGJ/T 210—2010	刚－柔性桩复合地基技术规程		J 1005—2010	温州东瓯建设集团有限公司
172	JGJ/T 211—2010	建筑工程水泥－水玻璃双液注浆技术规程		J 1004—2010	湖南省建筑工程集团总公司 湖南省第六工程有限公司
173	JGJ/T 212—2010	地下工程渗漏治理技术规程		J 1080—2010	中国建筑科学研究院 浙江国泰建设集团有限公司
174	JGJ/T 213—2010	现浇混凝土大直径管桩复合地基技术规程		J 1073—2010	河海大学 江苏弘盛建设工程集团有限公司
175	JGJ 214—2010	铝合金门窗工程技术规范		J 1071—2010	中国建筑金属结构协会
176	JGJ 215—2010	建筑施工升降机安装、使用、拆卸安全技术规程		J 1067—2010	浙江展诚建设集团股份有限公司 浙江大学

序号	标准编号	标准名称	被代替标准编号	备案号	主编单位
177	JGJ/T 216—2010	铝合金结构工程施工规程		J 1068—2010	上海市第二建筑有限公司 浙江中南建设集团有限公司
178	JGJ 217—2010	纤维石膏空心大板复合墙体结构技术规程		J 1092—2010	山东省建设建工（集团）有限责任公司 山东建筑大学
179	JGJ 218—2010	展览建筑设计规范		J 1081—2010	同济大学建筑设计研究院（集团）有限公司
180	JGJ/T 219—2010	混凝土结构用钢筋间隔件应用技术规程		J 1139—2010	江苏南通六建建设集团有限公司 同济大学
181	JGJ/T 220—2010	抹灰砂浆技术规程		J 1077—2010	陕西省建筑科学研究院 正太集团有限公司
182	JGJ/T 221—2010	纤维混凝土应用技术规程		J 1076—2010	中国建筑科学研究院 大连悦泰建设工程有限公司
183	JGJ/T 222—2011	建筑工程可持续性评价标准		J 1217—2011	清华大学 河南红旗渠建设集团有限公司
184	JGJ/T 223—2010	预拌砂浆应用技术规程		J 1082—2010	中国建筑科学研究院 广州市建筑集团有限公司
185	JGJ 224—2010	预制预应力混凝土装配整体式框架结构技术规程		J 1127—2010	南京大地建设集团有限责任公司 启东建筑集团有限公司
186	JGJ/T 225—2010	大直径扩底灌注桩技术规程		J 1122—2010	合肥工业大学 浙江省东阳市第三建筑工程有限公司
187	JGJ/T 226—2011	低张拉控制应力拉索技术规程		J 1195—2011	浙江省二建建设集团有限公司 浙江省一建建设集团有限公司
188	JGJ 227—2011	低层冷弯薄壁型钢房屋建筑技术规程		J 1162—2011	中国建筑标准设计研究院
189	JGJ/T 228—2010	植物纤维工业灰渣混凝土砌块建筑技术规程		J 1126—2010	中国建筑设计研究院 中博建设集团有限公司
190	JGJ/T 229—2010	民用建筑绿色设计规范		J 1125—2010	中国建筑科学研究院 深圳市建筑科学研究院有限公司
191	JGJ 230—2010	倒置式屋面工程技术规程		J 1124—2010	中达建设集团股份有限公司 广东金辉华集团有限公司
192	JGJ 231—2010	建筑施工承插型盘扣式钢管支架安全技术规程		J 1128—2010	南通新华建筑集团有限公司 无锡市锡山三建实业有限公司

序号	标准编号	标准名称	被代替标准编号	备案号	主编单位
193	JGJ 232—2011	矿物绝缘电缆敷设技术规程		J 1142—2011	中国新兴建设开发总公司
194	JGJ/T 233—2011	水泥土配合比设计规程		J 1144—2011	福建省建筑科学研究院 福建建工集团总公司
195	JGJ/T 234—2011	择压法检测砌筑砂浆抗压强度技术规程		J 1157—2011	江苏省金陵建工集团 江苏南通三建集团有限公司
196	JGJ/T 235—2011	建筑外墙防水工程技术规程		J 1166—2011	中国建筑科学研究院 方远建设集团股份有限公司
197	JGJ/T 236—2011	建筑产品信息系统基础数据规范		J 1146—2011	中国建筑标准设计研究院 华生建设集团有限公司
198	JGJ 237—2011	建筑遮阳工程技术规范		J 1161—2011	北京中建建筑科学研究院 中国建筑业协会建筑节能分会
199	JGJ/T 238—2011	混凝土基层喷浆处理技术规范		J 1156—2011	云南工程建设总承包公司 云南建工集团有限公司
200	JGJ/T 239—2011	建（构）筑物移位工程技术规程		J 1183—2011	山东建筑大学 烟建集团有限公司
201	JGJ/T 240—2011	再生骨料应用技术规程		J 1187—2011	中国建筑科学研究院 青建集团股份公司
202	JGJ/T 241—2011	人工砂混凝土应用技术规程		J 1188—2011	重庆大学 中建五局第三建设有限公司
203	JGJ 242—2011	住宅建筑电器设计规范		J 1193—2011	中国建筑标准设计研究院
204	JGJ 243—2011	交通建筑电气设计规范		J 1227—2011	现代设计集团华东建筑设计研究院
205	JGJ/T 244—2011	房屋建筑室内装饰装修制图标准		J 1216—2011	东南大学建筑学院 江苏广宇建设集团有限公司
206	JGJ/T 245—2011	房屋白蚁预防技术规程		J 1228—2011	全国白蚁防治中心
207	JGJ/T 246—2012	房屋代码编码标准		J 1395—2012	北京市建设信息中心 中国建筑科学研究院
208	JGJ 248—2012	底部框架－抗震墙砌体房屋抗震技术规程		J 1397—2012	中国建筑科学研究院
209	JGJ/T 249—2011	拱形钢结构技术规程		J 1215—2011	清华大学 五洋建设集团股份有限公司
210	JGJ/T 250—2011	建筑与市政工程施工现场专业人员职业标准		J 1225—2011	中国建设教育协会 苏州二建建筑集团有限公司

序号	标准编号	标准名称	被代替标准编号	备案号	主编单位
211	JGJ/T 251—2011	建筑钢结构防腐蚀技术规程		J 1218—2011	河南省第一建筑工程集团有限责任公司 林州建总建筑工程公司
212	JGJ/T 252—2011	房地产市场基础信息数据标准		J 1326—2011	上海市房屋土地资源信息中心
213	JGJ 253—2011	无机轻集料砂浆保温系统技术规程		J 1329—2011	广厦建设集团有限责任公司 宁波荣山新型材料有限公司
214	JGJ 254—2011	建筑施工竹脚手架安全技术规范		J 1336—2011	深圳市建设（集团）有限公司 湖南长大建设集团股份有限公司
215	JGJ 255—2012	采光顶与金属屋面技术规程		J 1410—2012	中国建筑科学研究院 中国新兴建设开发总公司
216	JGJ 256—2011	钢筋锚固板应用技术规程		J 1230—2011	中国建筑科学研究院 北京韩建集团有限公司
217	JGJ 257—2012	索结构技术规程		J 1402—2012	中国建筑科学研究院
218	JGJ/T 258—2011	预制带肋底板混凝土叠合楼板技术规程		J 1233—2011	湖南高岭建设集团股份有限公司
219	JGJ/T 259—2012	混凝土结构耐久性修复与防护技术规程		J 1403—2012	中冶建筑研究总院有限公司
220	JGJ/T 260—2011	采暖通风与空气调节工程检测技术规程		J 1229—2011	中国建筑科学研究院 湖南望新建设集团股份有限公司
221	JGJ/T 261—2011	外墙内保温工程技术规程		J 1332—2011	中国建筑标准设计研究院 武汉建工股份有限公司
222	JGJ/T 262—2012	住宅厨房模数协调标准		J 1350—2012	国家住宅与居住环境工程技术研究中心
223	JGJ/T 263—2012	住宅卫生间模数协调标准		J 1351—2012	国家住宅与居住环境工程技术研究中心
224	JGJ/T 264—2012	光伏建筑一体化系统运行与维护规范		J 1344—2012	无锡尚德太阳能电力有限公司 华仁建设集团有限公司
225	JGJ/T 265—2012	轻型木桁架技术规范		J 1398—2012	中国建筑西南设计研究院
226	JGJ 266—2011	市政架桥机安全使用技术规程		J 1333—2011	鹏达建设集团有限公司 上海市第七建筑有限公司
227	JGJ/T 267—2012	被动式太阳能建筑技术规范		J 1345—2012	中国建筑设计研究院 山东建筑大学
228	JGJ/T 268—2012	现浇混凝土空心楼盖技术规程		J 1399—2012	中冶建筑研究总院有限公司

序号	标准编号	标准名称	被代替标准编号	备案号	主编单位
229	JGJ/T 269—2012	轻型钢丝网架聚苯板混凝土构件应用技术规程		J 1338—2012	上海沪标工程建设咨询有限公司 新八建设集团有限公司
230	JGJ 270—2012	建筑物倾斜纠偏技术规程		J 1446—2012	中国建筑第六工程局有限公司 中国建筑第四工程局有限公司
231	JGJ/T 271—2012	混凝土结构工程无机材料后锚固技术规程		J 1393—2012	济南四建（集团）有限责任公司 潍坊昌大建设集团有限责任公司
232	JGJ/T 272—2012	建筑施工企业信息化评价标准		J 1341—2012	中国建筑业协会 中建国际建设有限公司
233	JGJ/T 273—2012	钢丝网架混凝土复合板结构技术规程		J 1411—2012	华声（天津）国际企业有限公司 天津市建筑设计院
234	JGJ/T 274—2012	装饰多孔砖夹心复合墙技术规程		J 1409—2012	西安墙体材料研究设计院 西安建筑科技大学
235	JGJ/T 275—2013	密肋复合板结构技术规程		J 1701—2013	北京交通大学 华北建设集团有限公司
236	JGJ 276—2012	建筑施工起重吊装工程安全技术规范		J 1354—2012	沈阳建筑大学 东北金城建设有限公司
237	JGJ/T 277—2012	红外热像法检测建筑外墙饰面粘结质量技术规程		J 1346—2012	甘肃省建设投资（控股）集团总公司 中国建筑科学研究院
238	JGJ 278—2012	房地产登记技术规程		J 1396—2012	中国房地产研究会房地产产权产籍和测量委员会
239	JGJ/T 279—2012	建筑结构体外预应力加固技术规程		J 1339—2012	中国京冶工程技术有限公司 浙江舜杰建筑集团股份有限公司
240	JGJ/T 280—2012	中小学校体育设施技术规程		J 1371—2012	中国建筑标准设计研究院 河南国安建设集团有限公司
241	JGJ/T 281—2012	高强混凝土应用技术规程		J 1414—2012	中国建筑科学研究院 浙江大东吴集团建设公司
242	JGJ/T 282—2012	高压喷射扩大头锚杆技术规程		J 1432—2012	深圳钜联锚杆技术有限公司 标力建设集团有限公司
243	JGJ/T 283—2012	自密实混凝土应用技术规程		J 1404—2012	厦门市建筑科学研究院 福建六建集团有限公司
244	JGJ 284—2012	金融建筑电气设计规范		J 1442—2012	上海建筑设计研究院

序号	标准编号	标准名称	被代替标准编号	备案号	主编单位
245	JGJ/T 285—2014	公共建筑能耗远程监测系统技术规程		J 1918—2014	深圳市建筑科学研究院股份有限公司
246	JGJ 286—2013	城市居住区热环境设计标准		J 1644—2013	华南理工大学
247	JGJ/T 287—2014	建筑反射隔热涂料节能检测标准		J 1921—2014	华南理工大学
248	JGJ/T 288—2012	建筑能效标识技术标准		J 1474—2012	中国建筑科学研究院 住房和城乡建设部科技发展促进中心
249	JGJ 289—2012	建筑外墙外保温防火隔离带技术规程		J 1478—2012	中国建筑科学研究院 江苏省建筑科学研究院
250	JGJ/T 290—2012	组合锤法地基处理技术规程		J 1466—2012	江西中恒建设集团有限公司 江西中煤建设集团有限公司
251	JGJ/T 291—2012	现浇塑性混凝土防渗芯墙施工技术规程		J 1494—2013	云南建工水利水电建设有限公司 云南建工第四建设有限公司
252	JGJ/T 292—2012	建筑工程施工现场视频监控技术规范		J 1469—2012	南通建筑工程总承包公司
253	JGJ/T 293—2013	淤泥多孔砖应用技术规程		J 1587—2013	中国建筑标准设计研究院 山东德建集团有限公司
254	JGJ/T 294—2013	高强混凝土强度检测技术规程		J 1592—2013	中国建筑科学研究院
255	JGJ/T 295—2013	建筑采光追逐镜施工技术规程		J 1654—2013	中建三局第二建设工程公司 重庆大学
256	JGJ/T 296—2013	高抛免振捣混凝土应用技术规程		J 1519—2013	重庆建工集团股份有限公司 重庆建工住宅建设有限公司
257	JGJ 297—2013	建筑消能减震技术规程		J 1596—2013	广州大学
258	JGJ 298—2013	住宅室内防水工程技术规范		J 1589—2013	中国建筑标准设计研究院 北京韩建集团有限公司
259	JGJ/T 299—2013	建筑防水工程现场检测技术规范		J 1593—2013	中国建筑科学研究院 四川省晟茂建设有限公司
260	JGJ 300—2013	建筑施工临时支撑结构技术规范		J 1599—2013	中国建筑一局（集团）有限公司 中国建筑股份有限公司
261	JGJ/T 301—2013	大型塔式起重机混凝土基础工程技术规程		J 1597—2013	北京九鼎同方技术发展有限公司 国强建设集团有限公司

序号	标准编号	标准名称	被代替标准编号	备案号	主编单位
262	JGJ/T 302—2013	建筑工程施工过程结构分析与监测技术规范		J 1598—2013	中国建筑股份有限公司 中建八局第一建设有限公司
263	JGJ/T 303—2013	渠式切割水泥土连续墙技术规程		J 1637—2013	浙江省建筑设计研究院 东通岩土科技（杭州）有限公司
264	JGJ/T 304—2013	住宅室内装饰装修工程质量验收规范		J 1594—2013	住房和城乡建设部住宅产业化促进中心 龙信建设集团有限公司
265	JGJ 305—2013	建筑施工升降设备设施检验标准		J 1601—2013	鹏达建设集团有限公司 舜元建设（集团）有限公司
266	JGJ/T 306—2016	建筑工程安装职业技能标准		J 2208—2016	中国建筑工程总公司
267	JGJ/T 307—2013	城市照明节能评价标准		J 1652—2013	中国城市科学研究会 通广建工集团有限公司
268	JGJ/T 308—2013	磷渣混凝土应用技术规程		J 1636—2013	云南省建筑科学研究院 云南建工第五建设有限公司
269	JGJ/T 309—2013	建筑通风效果测试与评价标准		J 1638—2013	中国建筑科学研究院 天津三建建筑工程有限公司
270	JGJ 310—2013	教育建筑电气设计规范		J 1648—2013	清华大学建筑设计研究院有限公司 同济大学
271	JGJ 311—2013	建筑深基坑工程施工安全技术规范		J 1650—2013	上海星宇建设集团有限公司 郑州大学
272	JGJ 312—2013	医疗建筑电气设计规范		J 1651—2013	中国建筑设计研究院
273	JGJ/T 313—2013	建设领域信息技术应用基本术语标准		J 1647—2013	建设综合勘察研究设计院有限公司 住房和城乡建设部信息中心
274	JGJ/T 314—2016	建筑工程施工职业技能标准		J 2210—2016	上海市城乡建设和管理委员会人才服务考核评价中心
275	JGJ/T 315—2016	建筑装饰装修职业技能标准		J 2209—2016	上海市城乡建设和管理委员会人才服务考核评价中心
276	JGJ/T 316—2013	单层防水卷材屋面工程技术规程		J 1671—2013	中国建筑防水协会 江苏国际经济技术合作集团有限公司
277	JGJ/T 317—2014	建筑工程裂缝防治技术规程		J 1740—2014	中国建筑科学研究院 中铁建设集团有限公司
278	JGJ/T 318—2014	石灰石粉在混凝土中应用技术规程		J 1737—2014	中国建筑科学研究院 温州建设集团有限公司

序号	标准编号	标准名称	被代替标准编号	备案号	主编单位
279	JGJ 319—2013	低温辐射电热膜供暖系统应用技术规程		J 1670—2013	哈尔滨工业大学 黑龙江中惠地热股份有限公司
280	JGJ/T 320—2014	住房公积金基础数据标准		J 1758—2014	住房和城乡建设部信息中心 北京住房公积金管理中心
281	JGJ 321—2014	点挂外墙板装饰工程技术规程		J 1842—2014	中国建筑科学研究院 中国新兴建设开发总公司
282	JGJ/T 322—2013	混凝土中氯离子含量检测技术规程		J 1702—2013	中国建筑科学研究院 江西昌南建设集团有限公司
283	JGJ/T 323—2014	自保温混凝土复合砌块墙体应用技术规程		J 1738—2014	福建省建筑科学研究院 江苏省建筑科学研究院有限公司
284	JGJ/T 324—2014	建筑幕墙工程检测方法标准		J 1743—2014	中国建筑科学研究院 广西建工集团第一建筑工程有限责任公司
285	JGJ/T 325—2014	预应力高强钢丝绳加固混凝土结构技术规程		J 1744—2014	东南大学 北京特希达科技有限公司
286	JGJ/T 326—2014	机械式停车库工程技术规范		J 1742—2014	中国建筑第七工程局 福建省第五建筑公司
287	JGJ/T 327—2014	劲性复合桩技术规程		J 1741—2014	万通建设集团有限公司 昆明二建建设（集团）有限公司
288	JGJ/T 328—2014	预拌混凝土绿色生产及管理技术规程		J 1805—2014	中国建筑科学研究院 博坤建设集团公司
289	JGJ/T 329—2015	交错桁架钢结构设计规程		J 1997—2015	中国建筑标准设计研究院 福建四海建设有限公司
290	JGJ/T 330—2014	水泥土复合管桩基础技术规程		J 1806—2014	山东省建筑科学研究院 中建八局第一建设公司
291	JGJ/T 331—2014	建筑地面工程防滑技术规程		J 1843—2014	北京城建科技促进会 山东兴华建设集团有限公司
292	JGJ 332—2014	建筑塔式起重机安全监控系统应用技术规程		J 1888—2014	河南省建筑科学研究院 新乡克瑞重型机械科技公司
293	JGJ 333—2014	会展建筑电气设计规范		J 1838—2014	北京市建筑设计研究院
294	JGJ/T 334—2014	建筑设备监控系统工程技术规范		J 1840—2014	同方股份有限公司 中国建筑业协会智能建筑分会
295	JGJ/T 335—2014	城市地下空间利用基本术语标准		J 1892—2014	上海市政工程设计研究总院（集团）有限公司

序号	标准编号	标准名称	被代替标准编号	备案号	主编单位
296	JGJ 336—2016	人造板材幕墙工程技术规范		J 2224—2016	中国建筑标准设计研究院 广东省建筑科学研究院集团股份有限公司
297	JGJ 337—2015	钢绞线网片聚合物砂浆加固技术规程		J 2085—2015	中国建筑科学研究院 中达建设集团股份有限公司
298	JGJ/T 338—2014	建筑工程风洞试验方法标准		J 1967—2015	中国建筑科学研究院 广东省建筑科学研究院
299	JGJ 339—2015	非结构构件抗震设计规范		J 1990—2015	中国建筑科学研究院
300	JGJ 340—2015	建筑地基检测技术规范		J 1998—2015	福建省建筑科学研究院 福州建工（集团）总公司
301	JGJ/T 341—2014	泡沫混凝土应用技术规程		J 1965—2015	中国建筑科学研究院 温州建设集团有限公司
302	JGJ 342—2014	蒸发冷却制冷系统工程技术规程		J 1899—2014	中国建筑科学研究院
303	JGJ 343—2014	变风量空调系统工程技术规程		J 1887—2014	中国建筑科学研究院 浙江鸿翔建设集团有限公司
304	JGJ/T 344—2014	随钻跟管桩技术规程		J 1970—2015	广州市建筑科学研究院有限公司 广州建筑股份有限公司
305	JGJ 345—2014	公共建筑吊顶工程技术规程		J 1968—2015	中国建筑标准设计研究院有限公司 山东寿光第一建筑有限公司
306	JGJ/T 346—2014	建筑节能气象参数标准		J 1923—2014	中国建筑科学研究院
307	JGJ/T 347—2014	建筑热环境测试方法标准		J 1891—2014	华南理工大学
308	JGJ 348—2014	建筑工程施工现场标志设置技术规程		J 1919—2014	杭州天和建设集团有限公司 重庆建工第三建设有限责任公司
309	JGJ/T 349—2015	民用建筑氡防治技术规程		J 1989—2015	深圳市建筑科学研究院股份有限公司 泰宏建设发展有限公司
310	JGJ/T 350—2015	保温防火复合板应用技术规程		J 2052—2015	中国建筑科学研究院 江西建工第一建筑有限责任公司
311	JGJ/T 351—2015	建筑玻璃膜应用技术规程		J 2050—2015	中国建筑科学研究院 天津住宅集团建设工程总承包有限公司

序号	标准编号	标准名称	被代替标准编号	备案号	主编单位
312	JGJ/T 352—2014	建筑塑料复合模板工程技术规程		J 1920—2014	中阳建设集团有限公司 发达控股集团有限公司
313	JGJ 353—2017	焊接作业厂房供暖通风与空气调节设计规范		J 2377—2017	中国建筑科学研究院
314	JGJ/T 354—2014	体育建筑电气设计规范		J 1917—2014	悉地国际设计顾问（深圳）有限公司
315	JGJ 355—2015	钢筋套筒灌浆连接应用技术规程		J 1983—2015	中国建筑科学研究院 云南省第二建筑工程公司
316	JGJ/T 357—2015	围护结构传热系数现场检测技术规程		J 1986—2015	广州市建筑科学研究院有限公司
317	JGJ/T 358—2015	农村火炕系统通用技术规范		J 1995—2015	沈阳建筑大学 哈尔滨工业大学
318	JGJ/T 359—2015	建筑反射隔热涂料应用技术规程		J 2054—2015	福建省建筑科学研究院 恒亿集团有限公司
319	JGJ 360—2015	建筑隔震工程施工及验收规范		J 2051—2015	中国建筑标准设计研究院 山西太行建设开发有限公司
320	JGJ 361—2014	人工碎卵石复合砂应用技术规程		J 1972—2015	重庆建工第三建设有限责任公司 中国土木工程学会
321	JGJ 362—2016	塑料门窗设计及组装技术规程		J 2225—2016	中国建筑金属结构协会塑料门窗委员会 维卡塑料（上海）有限公司
322	JGJ/T 363—2014	农村住房危险性鉴定标准		J 1971—2015	同济大学 上海建工一建集团有限公司
323	JGJ/T 364—2016	地下工程盖挖法施工规程		J 2213—2016	中建交通建设集团有限公司 中建海峡建设发展有限公司
324	JGJ/T 365—2015	太阳能光伏玻璃幕墙电气设计规范		J 1993—2015	深圳市创益科技发展有限公司
325	JGJ 366—2015	混凝土结构成型钢筋应用技术规程		J 2012—2015	中国建筑科学研究院 广州市恒盛建设工程有限公司
326	JGJ 367—2015	住宅室内装饰装修设计规范		J 2053—2015	东南大学 永升建设集团有限公司
327	JGJ/T 368—2015	钻芯法检测砌体抗剪强度及砌筑砂浆强度技术规程		J 2083—2015	山东省建筑科学研究院 江西建工第二建筑有限责任公司
328	JGJ 369—2016	预应力混凝土结构设计规范		J 1268—2016	同济大学 上海市第七建筑有限公司

序号	标准编号	标准名称	被代替标准编号	备案号	主编单位
329	JGJ/T 370—2015	悬挂式竖井施工规程		J 2089—2015	郑州市市政工程总公司 合肥建工集团有限公司
330	JGJ/T 371—2016	非烧结砖砌体现场检测技术规程		J 2155—2016	四川省建筑科学研究院 成都市第六建筑工程公司
331	JGJ/T 372—2016	喷射混凝土应用技术规程		J 2156—2016	厦门市建筑科学研究院集团股份有限公司 厦门特房建设工程集团有限公司
332	JGJ/T 373—2016	白蚁防治工职业技能标准		J 2177—2016	全国白蚁防治中心
333	JGJ/T 374—2015	导光管采光系统技术规程		J 2084—2015	中国建筑科学研究院 湖南省沙坪建筑有限公司
334	JGJ/T 375—2016	管幕预筑法施工技术规范		J 2215—2016	中建市政建设有限公司 山东三箭建设工程股份有限公司
335	JGJ 376—2015	建筑外墙外保温系统修缮标准		J 2104—2015	上海市房地产科学研究院 青岛海川建设集团有限公司
336	JGJ/T 377—2016	木丝水泥板应用技术规程		J 2157—2016	中国建筑科学研究院 无锡泛亚环保科技有限公司
337	JGJ/T 378—2016	拉脱法检测混凝土抗压强度技术规程		J 2271—2016	建研科技股份有限公司 天颂建设集团有限公司
338	JGJ/T 379—2016	螺纹桩技术规程		J 2212—2016	重庆建工住宅建设有限公司 北京波森特岩土工程有限公司
339	JGJ/T 380—2015	钢板剪力墙技术规程		J 2101—2015	哈尔滨工业大学 中建四局第六建筑工程有限公司
340	JGJ/T 381—2016	碳纤维片材加固砌体结构技术规范		J 2202—2016	武汉大学土木建筑工程学院 武汉建工股份有限公司
341	JGJ 383—2016	轻钢轻混凝土结构技术规程		J 2154—2016	中国建筑技术集团有限公司
342	JGJ/T 384—2016	钻芯法检测混凝土强度技术规程		J 2211—2016	中国建筑科学研究院 江苏兴邦建工集团有限公司
343	JGJ/T 385—2015	高性能混凝土评价标准		J 2087—2015	中国建筑科学研究院
344	JGJ 386—2016	组合铝合金模板工程技术规程		J 2201—2016	广东省建筑科学研究院 广东合迪科技有限公司

序号	标准编号	标准名称	被代替标准编号	备案号	主编单位
345	JGJ 387—2017	缓粘结预应力混凝土结构技术规程		J 2338—2017	中冶建筑研究总院有限公司 安徽华力建设集团有限公司
346	JGJ/T 388—2016	住房公积金信息系统技术规范		J 2178—2016	苏州市住房公积金管理中心
347	JGJ/T 389—2016	组装式桁架模板支撑应用技术规程		J 2320—2016	山东德建集团有限公司 江苏永泰建造工程有限公司
348	JGJ/T 390—2016	既有住宅建筑功能改造技术规范		J 2174—2016	上海维固工程实业有限公司 上海建筑设计研究有限公司
349	JGJ/T 391—2016	绿色建筑运行维护技术规范		J 2319—2016	中国建筑科学研究院
350	JGJ 392—2016	商店建筑电气设计规范		J 2274—2016	合肥工业大学建筑设计研究院
351	JGJ/T 393—2017	房屋建筑和市政工程项目电子招标投标系统技术标准		J 2329—2017	住房和城乡建设部信息中心 中建三局第一建设工程有限责任公司
352	JGJ/T 394—2017	静压桩施工技术规程		J 2354—2017	上海岩土工程勘察设计研究院有限公司 上海强劲地基工程股份有限公司
353	JGJ/T 395—2017	铸钢结构技术规程		J 2340—2017	中国建筑第六工程局有限公司 天津大学
354	JGJ/T 396—2018	咬合式排桩技术标准		J 2527—2018	上海建工集团股份有限公司 上海建工二建集团有限公司
355	JGJ/T 397—2016	公墓和骨灰寄存建筑设计规范		J 2288—2016	哈尔滨工业大学 西安建筑科技大学建筑设计研究院
356	JGJ/T 398—2017	装配式住宅建筑设计标准		J 2407—2017	中国建筑标准设计研究院有限公司
357	JGJ/T 399—2016	城市雕塑工程技术规程		J 2317—2016	中国建筑文化中心 华仁建设集团有限公司
358	JGJ/T 400—2017	装配式劲性柱混合梁框架结构技术规程		J 2357—2017	中国建筑第七工程局有限公司 山东聊建集团有限公司

序号	标准编号	标准名称	被代替标准编号	备案号	主编单位
359	JGJ/T 401—2017	锚杆检测与监测技术规程		J 2339—2017	广东省建筑科学研究院集团股份有限公司 南昌市建筑工程集团有限公司
360	JGJ/T 402—2017	现浇X形桩复合地基技术规程		J 2336—2017	重庆大学 中交一公局第三工程有限公司
361	JGJ/T 403—2017	建筑基桩自平衡静载试验技术规范		J 2337—2017	东南大学 江西中联建设集团有限公司
362	JGJ/T 404—2018	既有建筑地基可靠性鉴定标准		J 2627—2019	山东省建筑科学研究院 山东万鑫建设有限公司
363	JGJ/T 405—2017	预应力混凝土异型预制桩技术规程		J 2341—2017	江苏天海建材有限公司 宁波市建设集团股份有限公司
364	JGJ/T 406—2017	预应力混凝土管桩技术标准		J 2397—2017	建华建材投资有限公司 中国建筑科学研究院
365	JGJ/T 407—2017	住房公积金管理人员职业标准		J 2328—2017	住房和城乡建设部标准定额研究所 住房和城乡建设部人力资源开发中心
366	JGJ/T 408—2017	建筑施工测量标准		J 2375—2017	北京测绘学会
367	JGJ/T 409—2017	模块化户内中水集成系统技术规程		J 2379—2017	中国建筑设计院有限公司 北京明锐诚升节水科技有限公司
368	JGJ/T 411—2017	冲击回波法检测混凝土缺陷技术规程		J 2378—2017	江苏金土木建设集团有限公司 河北建设集团有限公司
369	JGJ/T 412—2017	混凝土基体植绿护坡技术标准		J 2396—2017	江苏信拓建设（集团）股份有限公司 江苏武进建工集团有限公司
370	JGJ/T 414—2018	建筑施工模板和脚手架试验标准		J 2483—2018	中国建筑科学研究院 山西五建集团有限公司
371	JGJ/T 415—2017	建筑震后应急评估和修复技术规程		J 2335—2017	中国建筑科学研究院
372	JGJ/T 416—2017	建筑用真空绝热板应用技术规程		J 2374—2017	中国建设科学研究院 青岛科瑞新型环保材料有限公司
373	JGJ/T 417—2017	建筑智能化系统运行维护技术规范		J 2356—2017	中国建筑业协会智能建筑分会 太极计算机股份有限公司

序号	标准编号	标准名称	被代替标准编号	备案号	主编单位
374	JGJ/T 418—2017	现浇金属尾矿多孔混凝土复合墙体技术规程		J 2376—2017	集佳绿色建筑科技有限公司 青岛建安建设集团有限公司
375	JGJ/T 419—2018	长螺旋钻孔压灌桩技术标准		J 2626—2019	建研地基基础工程有限责任公司 泰兴市第一建筑安装工程有限公司
376	JGJ/T 420—2017	聚苯模块保温墙体应用技术规程		J 2380—2017	哈尔滨鸿盛房屋节能体系研发中心 中国建设科学研究院
377	JGJ/T 421—2018	冷弯薄壁型钢多层住宅技术标准		J 2589—2018	住房和城乡建设部住宅产业化促进中心 龙信建设集团有限公司
378	JGJ/T 422—2018	既有建筑地基基础检测技术标准		J 2529—2018	河北省建筑科学研究院 大元建业集团股份有限公司
379	JGJ/T 423—2018	玻璃纤维增强水泥（GRC）建筑应用技术标准		J 2481—2018	中国建筑材料科学研究总院 上海建工房产有限公司
380	JGJ/T 424—2017	信息栏工程技术标准		J 2395—2017	中国建筑标准设计研究院有限公司 上海市环境工程设计科学研究院有限公司
381	JGJ/T 425—2017	既有社区绿色化改造技术标准		J 2466—2017	深圳市建筑科学研究院股份有限公司 中国建筑标准设计研究院有限公司
382	JGJ/T 426—2018	农村危险房屋加固技术标准		J 2472—2018	河南省建筑科学研究院有限公司 湖北长安建筑股份有限公司
383	JGJ/T 427—2018	建筑装饰装修工程成品保护技术标准		J 2480—2018	中国建筑装饰协会 深圳市建筑装饰（集团）有限公司
384	JGJ/T 428—2018	弱电工职业技能标准		J 2588—2018	住房和城乡建设部人力资源开发中心
385	JGJ/T 429—2018	建筑施工易发事故防治安全标准		J 2478—2018	重庆建工第九建设有限公司 山西省宏图建设集团有限公司
386	JGJ/T 430—2018	装配式环筋扣合锚接混凝土剪力墙结构技术标准		J 2484—2018	中国建筑第七工程局有限公司 中建七局（上海）有限公司

序号	标准编号	标准名称	被代替标准编号	备案号	主编单位
387	JGJ 432—2018	建筑工程逆作法技术标准		J 2590—2018	华东建筑设计研究院有限公司 上海建工二建集团有限公司
388	JGJ/T 433—2018	公共租赁住房运行管理标准		J 2578—2018	上海市房地产科学研究院 华汇建设集团有限公司
389	JGJ/T 434—2018	建筑工程施工现场监管信息系统技术标准		J 2473—2018	住房和城乡建设部信息中心 中国联合网络通信有限公司
390	JGJ/T 435—2018	施工现场模块化设施技术标准		J 2530—2018	中国建筑股份有限公司 贵州中建建筑科研设计院有限公司
391	JGJ/T 436—2018	住宅建筑室内装修污染控制技术标准		J 2587—2018	深圳市建筑科学研究院股份有限公司 福建一建集团有限公司
392	JGJ/T 437—2018	城市地下病害体综合探测与风险评估技术标准		J 2482—2018	北京市勘察设计研究院有限公司 北京市道路与市政管线地下病害工程技术研究中心
393	JGJ/T 438—2018	桩基地热能利用技术标准		J 2471—2018	北京中岩大地科技股份有限公司 清华大学
394	JGJ/T 439—2018	碱矿渣混凝土应用技术标准		J 2629—2019	重庆大学 重庆市建筑科学研究院
395	JGJ/T 440—2018	住宅新风系统技术标准		J 2632—2019	中国建筑科学研究院有限公司 福建省建筑科学研究院
396	JGJ/T 443—2018	再生混凝土结构技术标准		J 2631—2019	北京工业大学 安徽四建控股集团有限公司
397	JGJ/T 445—2018	工业化住宅尺寸协调标准		J 2532—2018	中国建筑标准设计研究院有限公司
398	JGJ 446—2018	监狱建筑设计标准		J 2591—2018	中国建筑标准设计研究院有限公司 中华人民共和国司法部监狱管理局
399	JGJ/T 447—2018	烧结保温砌块应用技术标准		J 2630—2019	中国建筑科学研究院有限公司 中国砖瓦工业协会
400	JGJ/T 448—2018	建工工程设计信息模型制图标准		J 2628—2019	中国建筑标准设计研究院有限公司

序号	标准编号	标准名称	被代替标准编号	备案号	主编单位
401	JGJ/T 449—2018	民用建筑绿色性能计算标准		J 2566—2018	清华大学
402	JGJ 450—2018	老年人照料设施建筑设计标准	GB 50867—2013 GB 50340—2016	J 2513—2018	哈尔滨工业大学
403	JGJ/T 451—2018	内置保温现浇混凝土复合剪力墙技术标准		J 2593—2018	郑州市第一建筑工程集团有限公司
404	JGJ/T 452—2018	建材及装饰材料经营场馆建筑设计标准		J 2564—2018	中国建筑材料流通协会 浙江新中源建设有限公司
405	JGJ/T 455—2018	住宅排气管道系统工程技术标准		J 2625—2019	中国建筑科学研究院有限公司 中国建筑设计院有限公司
406	JGJ/T 458—2018	预制混凝土外挂墙板应用技术标准		J 2635—2019	中国建筑标准设计研究院有限公司 华润置地有限公司
407	JGJ/T 467—2018	装配式整体卫生间应用技术标准		J 2634—2019	中国建筑标准设计研究院有限公司 中大建设股份有限公司
408	JGJ/T 477—2018	装配式整体厨房应用技术标准		J 2633—2019	大荣建设集团有限公司 浙江中南建设集团有限公司

二、城乡建设产品标准

（一）国家标准

序号	标准编号	标准名称	被代替标准号	主编单位
1	GB 4284—2018	农用污泥污染物控制标准	GB 4284—1984	中国科学院地理科学与资源研究所
2	GB/T 5655—1985	城市公共交通常用名词术语		北京市公共交通公司
3	GB/T 5823—2008	建筑门窗术语	GB/T 5823—1986	广东省建筑科学研究院
4	GB/T 5824—2008	建筑门窗洞口尺寸系列	GB/T 5824—1986	广东省建筑科学研究院
5	GB/T 5825—1986	建筑门窗扇开、关方向和开、关面的标志符号		北京建筑工程学院
6	GB/T 5845.1—2008	城市公共交通标志　第1部分：总标志和分类标志	GB/T 5845.1—1986	中国城市建设研究院有限公司
7	GB/T 5845.2—2008	城市公共交通标志　第2部分：一般图形符号和安全标志	GB/T 5845.10—1986	天津师范大学
8	GB/T 5845.3—2008	城市公共交通标志　第3部分：公共汽电车站牌和路牌	GB/T 5845.11—1986 GB/T 5845.13—1986	住房和城乡建设部科学技术委员会城市车辆专家委员会
9	GB/T 5845.4—2008	城市公共交通标志　第4部分：运营工具、站（码头）和线路图形符号	GB/T 5845.9—1986	天津师范大学
10	GB/T 5845.5—1986	城市公共交通标志　地下铁道标志		广州市公用局
11	GB/T 6165—2008	高效空气过滤器性能试验方法效率和阻力	GB/T 6165—1985 GB/T 6166—1985	中国建筑科学研究院
12	GB/T 6167—2007	尘埃粒子计数器性能试验方法	GB/T 6167.1—1985 GB/T 6167.2—1985	中国建筑科学研究院
13	GB/T 7106—2008	建筑外门窗气密、水密、抗风压性能分级及检测方法	GB/T 7106—2002 GB/T 7107—2002 GB/T 7108—2002 GB/T 13685—1992 GB/T 13686—1992	中国建筑科学研究院
14	GB/T 7928—2003	地铁车辆通用技术条件	GB/T 7928—1987	北京市地下铁道公司
15	GB/T 8478—2008	铝合金门窗	GB/T 8478—2003 GB/T 8479—2003	广东省建筑科学研究院
16	GB/T 8484—2008	建筑外门窗保温性能分级及检测方法	GB/T 8484—2002 GB/T 16729—1997	中国建筑科学研究院
17	GB/T 8485—2008	建筑门窗空气声隔声性能分级及检测方法	GB/T 8485—2002 GB/T 16730—1997	中国建筑科学研究院
18	GB/T 9138—2015	回弹仪	GB/T 9138—1988	中国建筑科学研究院

序号	标准编号	标准名称	被代替标准号	主编单位
19	GB/T 9158—2015	建筑门窗力学性能检测方法	GB/T 9158—1998	中国建筑科学研究院
20	GB/T 10410—2008	人工煤气和液化石油气常量组分气相色谱分析法	GB/T 10410.1—1989 GB/T 10410.2—1989 GB/T 10410.3—1989	国家燃气用具质量监督检验中心
21	GB/T 10411—2005	城市轨道交通直流牵引供电系统	GB/T 10411—1989	北京市地下铁道科学技术研究所
22	GB/T 11228—2008	住宅厨房及相关设备基本参数	GB/T 11228—1989	中国建筑标准设计研究院
23	GB/T 11793—2008	未增塑聚氯乙烯（PVC-U）塑料门窗力学性能及耐候性试验方法	GB/T 11793.1—1989 GB/T 11793.2—1989 GB/T 11793.3—1989	中国建筑科学研究院
24	GB/T 11976—2015	建筑外窗采光性能分级及检测方法	GB/T 11976—2002	中国建筑科学研究院
25	GB/T 11977—2008	住宅卫生间功能及尺寸系列	GB/T 11977—1989	中国建筑标准设计研究院
26	GB/T 12206—2006	城镇燃气热值和相对密度测定方法	GB/T 12206—1990 GB/T 12207—1990	天津大学
27	GB/T 12208—2008	人工煤气组分与杂质含量测定方法	GB/T 12208—1990 GB/T 12209.1—1990 GB/T 12209.2—1990 GB/T 12210—1990 GB/T 12211—1990	中国市政工程华北设计研究院
28	GB/T 12758—2004	城市轨道交通信号系统通用技术条件	GB/T 12758—1991	北京市地下铁道总公司
29	GB/T 13554—2008	高效空气过滤器	GB/T 13554—1992	中国建筑科学研究院
30	GB/T 13611—2018	城镇燃气分类和基本特性	GB/T 13611—2006	中国市政工程华北设计研究院
31	GB/T 13612—2006	人工煤气	GB/T 13612—1992	中国市政工程华北设计研究院
32	GB/T 13754—2017	供暖散热器散热量测定方法	GB/T 13754—2008	中国建筑科学研究院
33	GB/T 14040—2007	预应力混凝土空心板	GB/T 14040—1993	中国建筑标准设计研究院
34	GB/T 14155—2008	整樘门　软重物体撞击试验	GB/T 14155—1993	中国建筑科学研究院
35	GB/T 14227—2006	城市轨道交通车站站台声学要求和测量方法	GB 14227—2006 GB 14227—1993 GB 14228—1993	铁科院（北京）工程咨询有限公司
36	GB/T 14294—2008	组合式空调机组	GB/T 14294—1993 GB/T 13326—1991	中国建筑科学研究院
37	GB/T 14295—2008	空气过滤器	GB/T 14295—1993	中国建筑科学研究院
38	GB/T 14296—2008	空气冷却器与空气加热器	GB/T 14296—1993	中国建筑科学研究院
39	GB/T 14370—2015	预应力筋用锚具、夹具和连接器	GB/T 14370—2007	中国建筑科学研究院

序号	标准编号	标准名称	被代替标准号	主编单位
40	GB 14892—2006	城市轨道交通列车噪声限值和测量方法	GB/T 14892—1994 GB/T 14893—1994	铁科院（北京）工程咨询有限公司
41	GB/T 14894—2005	城市轨道交通车辆　组装后的检查与试验规则	GB/T 14894—1994	北京市地下铁道科学技术研究所
42	GB/T 14902—2012	预拌混凝土	GB/T 14902—2003	中国建筑科学研究院
43	GB/T 15227—2007	建筑幕墙气密、水密、抗风压性能检测方法	GB 15226—1994 GB 15227—1994 GB 15228—1994	中国建筑科学研究院
44	GB 15831—2006	钢管脚手架扣件	GB 15831—1995	中国建筑科学研究院
45	GB/T 16275—2008	城市轨道交通照明	GB/T 16275—1996	北京市地铁运营有限公司
46	GB/T 16411—2008	家用燃气用具通用试验方法	GB/T 16411—1996	中国市政工程华北设计研究院
47	GB/T 16662—2008	建筑给水排水设备器材术语	GB/T 16662—1996	中国建筑金属结构协会给水排水设备分会
48	GB/T 16727—2007	叠合板用预应力混凝土底板	GB/T 16727—1987	中国建筑标准设计研究院
49	GB/T 16728—2007	预应力混凝土肋形屋面板	GB/T 16728—1987	中国建筑标准设计研究院
50	GB/T 16731—1997	建筑吸声产品的吸声性能分级		中国建筑科学研究院
51	GB/T 16732—1997	建筑采暖通风空调净化设备　计量单位及符号		中国建筑科学研究院
52	GB/T 16803—2018	供暖、通风、空调、净化设备术语	GB/T 16803—1997	中国建筑科学研究院
53	GB 16914—2012	燃气燃烧器具安全技术条件	GB 16914—2003	中国市政工程华北设计研究总院
54	GB 17905—2008	家用燃气燃烧器具安全管理规则	GB 17905—2004	中国市政工程华北设计院
55	GB/T 18091—2015	玻璃幕墙光热性能	GB/T 18091—2000	中国建筑科学研究院
56	GB/T 18092—2008	免水冲卫生厕所	GB/T 18092—2000	北京紫光泰和通环保技术有限公司
57	GB 18111—2000	燃气容积式热水器		中国市政工程华北设计院
58	GB/T 18250—2015	建筑幕墙层间变形性能分级及检测方法	GB/T 18250—2000	中国建筑科学研究院
59	GB/T 18574—2008	城市轨道交通客运服务标志	GB/T 18574—2001	北京市地铁运营有限公司
60	GB/T 18575—2017	建筑幕墙抗震性能振动台试验方法	GB/T 18575—2001	中国建筑金属结构协会
61	GB/T 18750—2008	生活垃圾焚烧炉及余热锅炉	GB/T 18750—2002	重庆三峰卡万塔环境产业有限公司
62	GB/T 18772—2017	生活垃圾卫生填埋场环境监测技术要求	GB/T 18772—2008	沈阳市环境卫生工程设计研究院

序号	标准编号	标准名称	被代替标准号	主编单位
63	GB/T 18773—2008	医疗废物焚烧环境卫生标准	GB/T 18773—2002	沈阳市环境卫生工程设计研究院
64	GB/T 18919—2002	城市污水再生利用　分类		住房和城乡建设部标准定额研究所
65	GB/T 18920—2002	城市污水再生利用　城市杂用水水质		中国市政工程西南设计研究院
66	GB/T 18921—2002	城市污水再生利用　景观环境用水水质		中国市政工程华北设计研究院
67	GB/T 19095—2008	生活垃圾分类标志	GB/T 19095—2003	北京市环境卫生设计科学研究院
68	GB/T 19232—2003	风机盘管机组		中国建筑科学研究院
69	GB/T 19249—2017	反渗透水处理设备	GB/T 19249—2003	北京蓝星水处理设备公司
70	GB/T 19772—2005	城市污水再生利用　地下水回灌水质		北京市环境保护科学研究院
71	GB/T 19837—2005	城市给排水紫外线消毒设备		深圳市海川实业股份有限公司
72	GB/T 19913—2018	铸铁采暖散热器	GB 19913—2005	中国建筑金属结构协会
73	GB/T 19923—2005	城市污水再生利用　工业用水水质		天津市市政设计院
74	GB/T 20299.1—2006	建筑及居住区数字化技术应用　第1部分：系统通用要求		住房和城乡建设部信息中心
75	GB/T 20299.2—2006	建筑及居住区数字化技术应用　第2部分：检测验收		住房和城乡建设部信息中心
76	GB/T 20299.3—2006	建筑及居住区数字化技术应用　第3部分：物业管理		住房和城乡建设部信息中心
77	GB/T 20299.4—2006	建筑及居住区数字化技术应用　第4部分：控制网络通信协议应用要求		住房和城乡建设部信息中心
78	GB/T 20907—2007	城市轨道交通自动售检票系统技术条件		中国城市建设研究院有限公司
79	GB/T 20908—2007	城市轨道交通接触网检测车通用技术条件		铁科院（北京）工程咨询有限公司
80	GB/T 20909—2017	钢门窗	GB/T 20909—2007	中国建筑金属结构协会
81	GB 20922—2007	城市污水再生利用　农田灌溉用水水质		农业部环境保护科研监测所
82	GB/T 21086—2007	建筑幕墙	GB/T 15225—1994 JG 3035—1996	中国建筑科学研究院
83	GB/T 21087—2007	空气－空气能量回收装置		中国建筑科学研究院

序号	标准编号	标准名称	被代替标准号	主编单位
84	GB/T 21473—2008	调色系统用色浆		深圳市海川实业股份有限公司
85	GB/T 22484—2008	城市公共汽电车客运服务		中国城市公共交通协会
86	GB/T 22485—2008	出租汽车服务		中国出租汽车暨汽车租赁协会
87	GB/T 22486—2008	城市轨道交通客运服务		中国城市规划设计研究院
88	GB/T 22631—2008	建筑物垂直部件　抗冲击试验　冲击物及通用试验程序		中国建筑标准设计研究院
89	GB/T 22632—2008	门扇　抗硬物撞击性能检测方法		广东省建筑科学研究院
90	GB/T 22633—2008	住宅部品术语		住房和城乡建设部住宅产业化促进中心
91	GB/T 22635—2008	门扇　湿度影响稳定性检测方法		中国建筑科学研究院
92	GB/T 22636—2008	门扇　尺寸、直角度和平面度检测方法		中国建筑科学研究院
93	GB/T 23430—2009	城市轨道交通内燃调车机车通用技术条件		铁科院（北京）工程咨询有限公司
94	GB/T 23431—2009	城市轨道交通铰接车辆通用技术条件		铁科院（北京）工程咨询有限公司
95	GB/T 23483—2009	建筑物围护结构传热系数及采暖供热量检测方法		北京住总集团有限责任公司
96	GB/T 23484—2009	城镇污水处理厂污泥处置　分类		上海市政工程设计研究总院
97	GB/T 23485—2009	城镇污水处理厂污泥处置　混合填埋泥质		北京市市政工程设计研究总院
98	GB/T 23486—2009	城镇污水处理厂污泥处置　园林绿化用泥质		上海市政工程设计研究总院
99	GB/T 23857—2009	生活垃圾填埋场降解治理的监测与检测		北京煜立晟科技有限公司
100	GB/T 23858—2009	检查井盖		北京市市政工程研究院
101	GB/T 24188—2009	城镇污水处理厂污泥泥质	GB 24188—2009	北京市市政工程管理处
102	GB/T 24494—2009	门两侧在不同气候条件下的变形检测方法		中国建筑科学研究院
103	GB/T 24495—2009	承重墙与混凝土楼板间的水平接缝　试验室力学试验　由楼板传来的垂直荷载和弯矩的影响		中国建筑标准设计研究院
104	GB/T 24496—2009	钢筋混凝土大板间有连接筋并用混凝土浇灌的键槽式竖向接缝　试验室力学试验　平面内切荷载的影响		中国建筑标准设计研究院

序号	标准编号	标准名称	被代替标准号	主编单位
105	GB/T 24497—2009	建筑物的性能标准　预制混凝土楼板的性能试验在集中荷载下的工况		中国建筑标准设计研究院
106	GB/T 24498—2009	建筑门窗、幕墙用密封胶条		中国建筑金属结构协会建筑门窗配套件委员会
107	GB/T 24600—2009	城镇污水处理厂污泥处置　土地利用用泥质		天津水工业工程设备有限公司
108	GB/T 24601—2008	建筑窗用内平开下悬五金系统		中国建筑金属结构协会建筑门窗配套件委员会
109	GB/T 24602—2009	城镇污水处理厂污泥处置单独焚烧用泥质		天津水工业工程设备有限公司
110	GB/T 24603—2016	箱式叠压给水设备	GB/T 24603—2009	上海熊猫机械（集团）有限公司
111	GB 24910—2010	钢板冲压扣件		中国建筑科学研究院
112	GB 24911—2010	碗扣式钢管脚手架构件		中国建筑科学研究院
113	GB/T 24912—2015	罐式叠压给水设备	GB/T 24912—2010	上海熊猫机械（集团）有限公司
114	GB/T 25030—2010	建筑物清洗维护质量要求		中国建筑科学研究院
115	GB/T 25031—2010	城镇污水处理厂污泥处置　制砖用泥质		广州市城市排水监测站
116	GB/T 25032—2010	生活垃圾焚烧炉渣集料		上海寰保渣业处置有限公司
117	GB/T 25033—2010	再生沥青混凝土		深圳市海川实业股份有限公司
118	GB 25034—2010	燃气采暖热水炉		广东迪森家用锅炉制造有限公司
119	GB/T 25035—2010	城镇燃气用二甲醚	GB 25035—2010	中国市政工程华北设计研究总院
120	GB/T 25175—2010	大件垃圾收集和利用技术要求		华中科技大学
121	GB/T 25176—2010	混凝土和砂浆用再生细骨料		中国建筑科学研究院
122	GB/T 25177—2010	混凝土用再生粗骨料		中国建筑科学研究院
123	GB/T 25178—2010	减压型倒流防止器		佛山市南海永兴阀门制造有限公司
124	GB/T 25179—2010	生活垃圾填埋场稳定化场地利用技术要求		上海市环境工程设计科学研究院有限公司
125	GB/T 25180—2010	生活垃圾综合处理与资源利用技术要求		湖北省城市环境卫生协会
126	GB/T 25181—2010	预拌砂浆		中国建筑科学研究院
127	GB/T 25182—2010	预应力孔道灌浆剂		中国建筑科学研究院
128	GB/T 25499—2010	城市污水再生利用绿地灌溉水质		北京林业大学

序号	标准编号	标准名称	被代替标准号	主编单位
129	GB/T 25503—2010	城镇燃气燃烧器具销售和售后服务要求	GB 25503—2010	中国市政工程华北设计研究总院
130	GB/T 26002—2010	燃气输送用不锈钢波纹软管及管件		中国市政工程华北设计研究总院
131	GB/T 26003—2010	无负压管网增压稳流给水设备		青岛三利集团有限公司
132	GB/T 26718—2011	城市轨道交通安全防范系统技术要求		公安部科技局
133	GB 27790—2011	城镇燃气调压器		中国市政工程华北设计研究总院
134	GB 27791—2011	城镇燃气调压箱		中国市政工程华北设计研究总院
135	GB/T 28185—2011	城镇供热用换热机组		中国市政工程华北设计研究总院
136	GB/T 28636—2012	采暖与空调系统水力平衡阀		中国建筑科学研究院
137	GB/T 28637—2012	电动采光排烟天窗		长春阔尔科技股份有限公司
138	GB/T 28638—2012	城镇供热管道保温结构散热损失测试与保温效果评定方法		北京市公用事业科学研究所
139	GB/T 28847.1—2012	建筑自动化和控制系统 第 1 部分：概述		住房和城乡建设部信息中心
140	GB/T 28847.2—2012	建筑自动化和控制系统 第 2 部分：硬件		住房和城乡建设部信息中心
141	GB/T 28847.3—2012	建筑自动化和控制系统 第 3 部分：功能		住房和城乡建设部信息中心
142	GB/T 28885—2012	燃气服务导则		中国城市燃气协会
143	GB/T 28886—2012	建筑用塑料门		中国建筑金属结构协会塑料门窗委员会
144	GB/T 28887—2012	建筑用塑料窗		中国建筑金属结构协会塑料门窗委员会
145	GB/T 28888—2012	下水道及化粪池气体监测技术要求		重庆市荣冠科技有限公司
146	GB/T 29039—2012	钢制采暖散热器	GB 29039—2012	中国建筑科学研究院
147	GB/T 29043—2012	建筑幕墙保温性能分级及检测方法		中国建筑科学研究院
148	GB/T 29044—2012	采暖空调系统水质标准		中国建筑科学研究院
149	GB/T 29045—2012	预制轻薄型热水辐射供暖板		北京市建设工程物资协会
150	GB/T 29046—2012	城镇供热预制直埋保温管道技术指标检测方法		北京市公用事业科学研究所

序号	标准编号	标准名称	被代替标准号	主编单位
151	GB/T 29047—2012	高密度聚乙烯外护管硬质聚氨酯泡沫塑料预制直埋保温管及管件		北京豪特耐管道设备有限公司
152	GB/T 29048—2012	窗的启闭力试验方法		广东省建筑科学研究院
153	GB/T 29049—2012	整樘门　垂直荷载试验		广东省建筑科学研究院
154	GB/T 29050—2012	道路用抗车辙剂沥青混凝土		深圳市海川实业股份有限公司
155	GB/T 29051—2012	道路用阻燃沥青混凝土		深圳市海川实业股份有限公司
156	GB 29410—2012	家用二甲醚燃气灶		中国市政工程华北设计研究总院
157	GB/T 29414—2012	散热器恒温控制阀		中国建筑科学研究院
158	GB/T 29498—2013	木门窗		中国建筑金属结构协会
159	GB/T 29499—2013	建筑用仿幕墙合成树脂涂层		深圳市嘉达高科产业发展有限公司
160	GB/T 29530—2013	平开门和旋转门　抗静扭曲性能的测定		广东省建筑科学研究院
161	GB 29550—2013	民用建筑燃气安全技术条件		中国市政工程华北设计研究总院
162	GB/T 29555—2013	门的启闭力试验方法		广东省建筑科学研究院
163	GB/T 29580—2013	时间法集中空调分户计量装置		佛山市艾科电子工程有限公司
164	GB/T 29730—2013	冷热水用分集水器		浙江盛世博扬阀门工业有限公司
165	GB/T 29733—2013	混凝土结构用成型钢筋制品		中国建筑科学研究院
166	GB/T 29734.1—2013	建筑用节能门窗　第1部分：铝木复合门窗		中国建筑科学研究院
167	GB/T 29734.2—2013	建筑用节能门窗　第2部分：铝塑复合门窗		中国建筑科学研究院
168	GB/T 29735—2013	采暖空调用自力式流量控制阀		中国建筑科学研究院
169	GB/T 29736—2013	空调设备用加湿器		中国建筑科学研究院
170	GB/T 29737—2013	建筑外门窗防沙尘性能分级及检测方法		中国建筑科学研究院
171	GB/T 29738—2013	建筑幕墙和门窗抗风携碎物冲击性能分级及检测方法		中国建筑科学研究院
172	GB/T 29739—2013	门窗反复启闭耐久性试验方法		广东省建筑科学研究院
173	GB/T 29740—2013	拆装式轻钢结构活动房		成都市产品质量监督检验院
174	GB/T 29906—2013	模塑聚苯板薄抹灰外墙外保温系统材料		中国建筑标准设计研究院

序号	标准编号	标准名称	被代替标准号	主编单位
175	GB/T 29907—2013	建筑幕墙动态风压作用下水密性能检测方法		中国建筑科学研究院
176	GB/T 29908—2013	建筑幕墙和门窗防爆炸冲击波性能分级及检测方法		中国建筑科学研究院
177	GB/T 29909—2013	暖通空调系统清洁设备术语		仲恺农业工程学院
178	GB/T 30190—2013	外墙自洁涂料		深圳市嘉达高科产业发展有限公司
179	GB/T 30191—2013	石灰石粉混凝土		中国建筑科学研究院
180	GB/T 30192—2013	水蒸发冷却空调机组		中国建筑科学研究院
181	GB/T 30428.1—2013	数字化城市管理信息系统　第1部分：单元网格		北京市东城区城市管理监督中心
182	GB/T 30428.2—2013	数字化城市管理信息系统　第2部分：管理部件和事件		北京市东城区城市管理监督中心
183	GB/T 30428.3—2016	数字化城市管理信息系统　第3部分：地理编码		北京市东城区城市管理监督中心
184	GB/T 30428.4—2016	数字化城市管理信息系统　第4部分：绩效评价		北京市东城区城市管理监督中心
185	GB/T 30428.5—2017	数字化城市管理信息系统　第5部分：监管信息采集设备		北京市东城区城市管理监督中心
186	GB/T 30428.6—2017	数字化城市管理信息系统　第6部分：验收		北京市东城区城市管理监督中心
187	GB/T 30428.7—2017	数字化城市管理信息系统　第7部分：监管信息采集		杭州市城市管理委员会
188	GB/T 30489—2014	城市轨道车辆客室侧门		南京康尼机电股份有限公司
189	GB/T 30591—2014	建筑门窗洞口尺寸协调标准		中国建筑科学研究院
190	GB/T 30592—2014	透光维护结构太阳得热系数检测方法		中国建筑科学研究院
191	GB/T 30593—2014	外墙内保温复合板系统		中国建筑标准设计研究院
192	GB/T 30594—2014	双层玻璃幕墙热性能检测　示踪气体法		中国建筑科学研究院
193	GB/T 30595—2014	挤塑聚苯板（XPS）薄抹灰外墙外保温系统材料		上海市建筑科学研究院集团有限公司
194	GB/T 30596—2014	温拌沥青混凝土		深圳市海川实业股份有限公司
195	GB/T 30597—2014	燃气燃烧器和燃烧器具安全和控制装置通用要求		中国市政工程华北设计研究总院
196	GB/T 31387—2015	活性粉末混凝土		清华大学

序号	标准编号	标准名称	被代替标准号	主编单位
197	GB/T 31388—2015	电子式热量分配表		中国建筑科学研究院
198	GB/T 31433—2015	建筑幕墙、门窗通用技术条件		中国建筑科学研究院
199	GB/T 31434—2015	住宅装修木制品模数		住房和城乡建设部住宅产业化促进中心
200	GB/T 31435—2015	外墙外保温系统材料安全性评价方法		中国建筑科学研究院
201	GB/T 31437—2015	单元式通风空调用空气-空气热交换机组		中国建筑科学研究院
202	GB/T 31542—2015	钢铝复合散热器		中国建筑金属结构协会
203	GB/T 31778—2015	数字城市一卡通互联互通　通用技术要求		住房和城乡建设部IC卡应用服务中心
204	GB/T 31831—2015	LED室内照明应用技术要求		中国建筑科学研究院
205	GB/T 31832—2015	LED城市道路照明应用技术要求		中国建筑科学研究院
206	GB/T 31853—2015	矢量无负压供水设备		北京威派格科技发展有限公司
207	GB/T 31894—2015	静音管网叠压给水设备		无锡康宇水处理设备有限公司
208	GB/T 31911—2015	燃气燃烧器具排放物测定方法		中国市政工程华北设计研究总院
209	GB/T 31962—2015	污水排入城镇下水道水质标准		北京城市排水集团有限责任公司
210	GB/T 32063—2015	城镇供水服务		中国城镇供水排水协会
211	GB/T 32064—2015	建筑用材料导热系数和热扩散系数瞬态平面热源测试法		北京中建建筑科学研究院有限公司
212	GB/T 32091—2015	紫外线水消毒设备　紫外线剂量测试方法		清华大学
213	GB/T 32092—2015	紫外线消毒技术术语		清华大学
214	GB/T 32223—2015	建筑门窗五金件　通用要求		中国建筑金属结构协会
215	GB/T 32224—2015	热量表		中国城市建设研究院有限公司
216	GB/T 32383—2015 修订	城市轨道交通直线电机车辆		中车青岛四方机车车辆股份有限公司
217	GB/T 32492—2016	液化石油气中二甲醚含量气相色谱分析法		中国市政工程华北设计研究总院
218	GB/T 32835—2016	建筑采暖用钢制散热器配件通用技术条件		天津市建筑采暖散热器行业协会
219	GB/T 32836—2016	建筑钢结构球型支座		衡水丰泽工程橡胶科技开发有限公司

序号	标准编号	标准名称	被代替标准号	主编单位
220	GB/T 32984—2016	彩色沥青混凝土		深圳市海川实业股份有限公司
221	GB/T 33242—2016	数字城市智能卡应用技术要求		住房和城乡建设部IC卡应用服务中心
222	GB/T 33600—2017	金属尾矿多孔混凝土夹芯系统复合墙体		辽宁集佳节能墙体装备有限公司
223	GB/T 33833—2017	城镇供热服务		中国城市建设研究院有限公司
224	GB/T 34004—2017	家用燃气报警器及传感器		中国市政工程华北设计研究总院
225	GB/T 34008—2017	防辐射混凝土		中国核工业中原建设有限公司
226	GB/T 34010—2017	建筑物气密性测定方法 风扇压力法		中国建筑设计研究院
227	GB/T 34012—2017	通风系统用空气净化装置		中国建筑科学研究院有限公司
228	GB/T 34017—2017	复合型供暖散热器		中国建筑科学研究院有限公司
229	GB/T 34043—2017	物联网智能家居图形符号		辽宁宜居尚雅科技有限公司
230	GB/T 34173—2017	城镇排水与污水处理服务		北京城市排水集团有限责任公司
231	GB/T 34187—2017	城镇供热用单位和符号		中国城市建设研究院有限公司
232	GB/T 34327—2017	建筑幕墙术语		广东省建筑科学研究院
233	GB/T 34335—2017	风景名胜区管理通用标准		中国城市建设研究院有限公司
234	GB/T 34342—2017	围护结构传热系数检测方法		北京中建建筑科学研究院有限公司
235	GB/T 34552—2017	生活垃圾流化床焚烧锅炉		杭州锦江集团
236	GB/T 34554—2017	建筑玻璃幕墙粘接结构可靠性试验方法		中国建筑科学研究院
237	GB/T 34555—2017	建筑采光顶气密、水密、抗风压性能检测方法		广东省建筑科学研究院
238	GB/T 34606—2017	建筑围护结构整体节能性能评价方法		中国建筑科学研究院
239	GB/T 34611—2017	硬质聚氨酯喷涂聚乙烯缠绕预制直埋保温管		中国市政工程华北设计研究总院
240	GB/T 34616—2017	人行自动门通用技术要求		中国建筑科学研究院
241	GB/T 34617—2017	城镇供热系统能耗计算方法		北京市煤气热力工程设计院有限公司
242	GB/T 34680.4—2018	智慧城市评价模型及基础评价指标体系 第4部分：建设管理		住房和城乡建设部IC卡应用服务中心

序号	标准编号	标准名称	被代替标准号	主编单位
243	GB/T 34824—2017	建筑用门窗纱窗抗风压性能检测方法		厦门市建筑科学研究院集团股份有限公司
244	GB/T 34909—2018	民用建筑节约材料评价标准		中国建材检验认证集团股份有限公司
245	GB/T 35134—2017	物联网智能家居 设备描述方法		广东瑞德智能科技股份有限公司
246	GB/T 35136—2017	智能家居自动控制设备通用技术要求		嘉兴学院
247	GB/T 35143—2017	物联网智能家居 数据和设备编码		厦门 ABB 振威电器设备有限公司
248	GB/T 35149—2017	活塞平衡式泵控阀		广东永泉阀门科技有限公司
249	GB/T 35155—2017	防气蚀型预防水锤泄放阀		广东永泉阀门科技有限公司
250	GB/T 35553—2017	城轨交通机电设备节能要求		铁道第二勘察设计院
251	GB/T 35554—2017	城市轨道交通用电综合评定指标		中铁二院工程集团有限责任公司
252	GB/T 35577—2017	建筑节水产品术语		上海市建筑科学研究院（集团）有限公司
253	GB/T 35842—2018	城镇供热预制直埋保温阀门技术要求		北京豪特耐管道设备有限公司
254	GB 35844—2018	瓶装液化石油气调压器		中国市政工程华北设计研究院总院有限公司
255	GB/T 35972—2018	供暖与空调系统节能调试方法		中国建筑科学研究院
256	GB/T 36051—2018	燃气过滤器		中国市政工程华北设计研究院总院有限公司
257	GB/T 36135—2018	移动水平式生活垃圾压缩机通用技术条件		泰兴市三迪环保科技发展有限公司
258	GB/T 36140—2018	装配式玻纤增强无机材料复合保温墙体技术要求		中国建筑标准设计研究院有限公司
259	GB/T 36143—2018	道路用高模量抗疲劳沥青混合料		江苏省交通科学研究院股份有限公司
260	GB/T 36263—2018	城镇燃气符号和量度要求		中国市政工程华北设计研究总院有限公司
261	GB/T 36503—2018	燃气燃烧器具质量检验与等级评定		中国市政工程华北设计研究总院有限公司
262	GB/T 37127—2018	混凝土结构工程用锚固胶		中国建筑科学研究院
263	GB/T 37142—2018	住宅用综合信息箱技术要求		广州智慧家庭技术标准促进中心

序号	标准编号	标准名称	被代替标准号	主编单位
264	GB/T 37192—2018	新风空调设备分类与代号		仲恺农业工程学院
265	GB/T 37212—2018	新风空调设备通用技术条件		仲恺农业工程学院
266	GB/T 37256—2018	建筑室外用格栅通用技术要求		广东金刚幕墙工程有限公司
267	GB/T 37260.1—2018	箱型轻钢结构房屋　第1部分：可拆装式		深圳市新南山控股（集团）股份有限公司
268	GB/T 37261—2018	城镇供热管道用球型补偿器		大连益多管道有限公司
269	GB/T 37263—2018	高密度聚乙烯外护管聚氨酯发泡预制直埋保温钢塑复合管		北京市公用事业科学研究所
270	GB/T 37266—2018	建筑幕墙用点支承装置		广东坚朗五金制品股份有限公司
271	GB/T 37267—2018	建筑抗震支吊架通用技术条件		深圳优力可科技有限公司
272	GB/T 37268—2018	建筑用光伏遮阳板		北京中建建筑科学研究院有限公司

（二）城镇建设行业标准

序号	标准编号	标准名称	被代替标准号	主编单位
1	CJ/T 1—1999	城市无轨电车和有轨电车供电系统	GB 5951—1986	上海市公共交通总公司
2	CJ/T 2—1999	城市公共交通通信系统	GB 7283—1987	北京市公共交通研究所
3	CJ/T 3—1999	城市无轨电车和有轨电车供电线网电杆	GB 12178—1990	上海市公共交通总公司
4	CJ/T 8—1999	城市公共交通技术经济指标计算方法　地铁	CJ/T 39-4-1991	北京市公共交通研究所
5	CJ/T 9—1999	城市公共交通主要保修设备配备　无轨电车保养场	ZBP 52001-1-1989	重庆市公用事业研究所
6	CJ/T 10—1999	城市公共交通主要保修设备配备　公共汽车保养场	ZBP 52001-2-1989	重庆市公用事业研究所
7	CJ/T 11—1999	城市公共交通主要保修设备配备　公共汽车修理厂	ZBP 52001-3-1989	重庆市公用事业研究所
8	CJ/T 23—1999	城市园林苗圃技术规程	CJ 14—1986	北京市园林局
9	CJ/T 24—2018	园林绿化木本苗	CJ/T 24—1999	中国城市建设研究院有限公司
10	CJ/T 25—2018	供热用手动流量调节阀	CJ/T 25—1999	北京北燃供热有限公司
11	CJ/T 28—2013	中餐燃气炒菜灶	CJ/T 28—2003	北京市公用事业科学研究所
12	CJ/T 29—2003	燃气沸水器	CJ/T 29—2003	北京市公用事业研究所
13	CJ/T 30—2013	热电式燃具熄火保护装置	CJ 30—1999	浙江三国精密机电有限公司
14	CJ/T 32—2004	液化石油气钢瓶焊接工艺评定	CJ/T 32—1999	鞍山液化石油气钢瓶总厂
15	CJ/T 33—2004	液化石油气钢瓶热处理工艺评定	CJ/T 33—1999	全国气瓶标委会液化石油气瓶分委会
16	CJ/T 38—1999	测氟仪指示计	CJ/T 36—1991	中国市政工程华北设计院
17	CJ/T 43—2005	水处理用滤料	CJ 43—1999 CJ 44—1999 CJ 45—1999	中国市政工程中南设计院
18	CJ/T 47—2016	水处理用滤砖	CJ/T 47—1999	中国市政工程中南设计院
19	CJ/T 50—2008	瓶装液化石油气调压器	CJ 50—2008	中国市政工程华北设计研究院
20	CJ/T 51—2018	城镇污水水质标准检验方法	CJ/T 51—2004	广州市城市排水监测站 上海市城市排水监测站
21	CJ/T 81—2015	机械搅拌澄清池搅拌机	CJ/T 81—1999	北京市市政设计院
22	CJ/T 82—2015	机械搅拌澄清池刮泥机	CJ/T 82—1999	北京市市政设计院

序号	标准编号	标准名称	被代替标准号	主编单位
23	CJ/T 83—2016	水处理用斜管	CJ/T 83—1999	中国市政工程中南设计研究总院有限公司
24	CJ/T 92—1999	供热用偏心蝶阀		北京蝶阀厂
25	CJ/T 94—2005	饮用净水水质标准	CJ 94—2005	中国建筑设计研究院
26	CJ/T 96—2013	生活垃圾化学特性通用检测方法	CJ/T 96—2003	上海市环境工程设计科学研究院
27	CJ/T 106—2016	生活垃圾产量计算及预测方法	CJ/T 106—1999	天津市环境卫生工程设计研究院
28	CJ/T 107—2013	城市公共汽、电车候车亭	CJ/T 107—1999	中国城市公共交通协会
29	CJ/T 108—2015	铝塑复合压力管（搭接焊）	CJ/T 108—1999	日丰企业集团有限公司
30	CJ/T 109—2007	潜水搅拌机	CJ/T 109—2000	天津水工业工程设备有限公司
31	CJ/T 110—2018	承插式管接头	CJ/T 110—2000	浙江中元枫叶钢塑管业有限公司
32	CJ/T 111—2018	卡套式铜制管接头	CJ/T 111—2000	浙江中元枫叶钢塑管业有限公司
33	CJ/T 112—2008	IC 卡膜式燃气表	CJ/T 112—2000	中国城市建设研究院有限公司
34	CJ/T 113—2015	燃气取暖器	CJ/T 113—2000	国家燃气用具质量监督检验中心
35	CJ/T 115—2017	动物园安全标志	CJ 115—2000	上海市动物园
36	CJ/T 117—2018	建筑用承插式金属管管件	CJ/T 117—2000	中国建筑装饰装修材料协会
37	CJ/T 120—2016	给水涂塑复合钢管	CJ/T 120—2008	中国建筑金属结构协会
38	CJ/T 121—2000	再生树脂复合材料检查井盖		黑龙江省东府塑料实业有限公司
39	CJ/T 122—2000	超声多普勒流量计		天津市求精科技发展有限公司
40	CJ/T 123—2016	给水用钢骨架聚乙烯塑料复合管	CJ/T 123—2004	华创天元实业发展有限公司
41	CJ/T 124—2016	给水用钢骨架聚乙烯塑料复合管件	CJ/T 124—2004	华创天元实业发展有限公司
42	CJ/T 125—2014	燃气用钢骨架聚乙烯塑料复合管及管件	CJ/T 125—2000 CJ/T 126—2000	华创天元实业发展有限公司
43	CJ/T 127—2016	压缩式垃圾车	CJ/T 127—2000	北京华林特装车有限公司
44	CJ/T 129—2000	玻璃纤维增强塑料外护层聚氨酯泡沫塑料预制直埋保温管		天津大学
45	CJ/T 130—2001	再生树脂复合材料水箅		黑龙江省东府塑料实业有限公司
46	CJ/T 131—2001	家用燃气燃烧器具结构通则	CJ 131—2001	中国市政工程华北设计院

序号	标准编号	标准名称	被代替标准号	主编单位
47	CJ/T 132—2014	家用燃气燃烧器具用自吸阀	CJ/T 132—2001	中国市政工程华北设计研究总院
48	CJ/T 133—2012	IC 卡冷水水表	CJ/T 133—2007	北京市自来水集团京兆水表有限公司
49	CJ/T 135—2018	园林绿化球根花卉　种球	CJ/T 135—2001	北京林业大学
50	CJ/T 137—2008	给水衬塑可锻铸铁管件	CJ/T 137—2001	中国建筑金属结构协会给水排水设备分会
51	CJ/T 139—2001	无隔膜电极溶氧仪		中国市政工程华北设计院
52	CJ/T 141—2018	城市供水水质标准检验方法	CJ/T 141—2004 CJ/T 142—2004 CJ/T 143—2004 CJ/T 144—2004 CJ/T 145—2004 CJ/T 146—2004 CJ/T 147—2004 CJ/T 148—2004 CJ/T 149—2004 CJ/T 150—2004	中国城市规划设计研究院
53	CJ/T 151—2016	薄壁不锈钢水管	CJ/T 151—2001	江苏金羊集团有限公司
54	CJ/T 152—2016	薄壁不锈钢卡压式管件和沟槽式管件	CJ/T 152—2010	无锡金羊管件有限公司
55	CJ/T 153—2001	自含式温度控制阀		保定太行加美工业有限公司
56	CJ/T 154—2001	给排水用缓闭止回阀通用技术要求		上海市公用事业研究所
57	CJ/T 156—2001	沟槽式管接头		上海瑞孚管路系统有限公司
58	CJ/T 157—2017	家用燃气灶具用涂层钢化玻璃面板	CJ/T 157—2002	广东华帝集团有限公司
59	CJ/T 158—2002	城市污水处理厂管道和设备色标		中国城市建设研究院有限公司
60	CJ/T 159—2015	铝塑复合压力管（对接焊）	CJ/T 159—2006	武汉金牛经济发展有限公司
61	CJ/T 160—2010	双止回倒流防止器		佛山市南海永兴阀门制造有限公司
62	CJ/T 161—2002	水泥内衬离心球墨铸铁管及管件		山东建筑工程学院
63	CJ/T 163—2015	导流型容积式水加热器和半容积式水加热器	CJ/T 163—2002	中国建筑设计研究院
64	CJ/T 164—2014	节水型生活用水器具	CJ 164—2002	中国城市建设研究院有限公司
65	CJ/T 165—2002	高密度聚乙烯缠绕结构壁管材		石家庄宝石克拉大经管道有限公司
66	CJ/T 166—2006	建设事业集成电路（IC）卡应用技术条件	CJ/T 166—2006	住房和城乡建设部 IC 卡应用服务中心

序号	标准编号	标准名称	被代替标准号	主编单位
67	CJ/T 167—2015	多功能水泵控制阀	CJ/T 167—2002	株洲南方阀门股份有限公司
68	CJ/T 168—2002	纯水机		蓝星水处理技术有限公司
69	CJ/T 169—2018	微滤水处理设备	CJ/T 169—2002	蓝星水处理技术有限公司
70	CJ/T 170—2018	超滤水处理设备	CJ/T 170—2002	蓝星水处理技术有限公司
71	CJ/T 171—2016	城市环境卫生设施属性数据采集表及数据库结构	CJ/T 171—2002	上海市绿化和市容管理信息中心
72	CJ/T 174—2003	居住区智能化系统配置与技术要求		住房和城乡建设部住宅产业化促进中心
73	CJ/T 175—2002	冷热水用耐热聚乙烯（PERT）管道系统		金德铝塑复合管有限公司
74	CJ/T 176—2007	旋转式滗水器	CJ/T 176—2002	天津水工业工程设备有限公司
75	CJ/T 177—2002	建筑排水用卡箍式铸铁管及管件		广州市鑫鸿工程设备有限公司
76	CJ/T 178—2013	建筑排水柔性接口承插式铸铁管及管件	CJ/T 178—2003	上海申利建筑构件制造有限公司
77	CJ/T 179—2018	自力式流量控制阀	CJ/T 179—2003	北京北燃供热有限公司
78	CJ/T 180—2014	建筑用手动燃气阀门	CJ/T 180—2003	国家燃气用具质量监督检验中心
79	CJ/T 181—2003	给水用孔网钢带聚乙烯复合管		四川东泰新材料科技有限公司
80	CJ/T 182—2003	燃气用孔网钢带聚乙烯复合管		四川东泰新材料科技有限公司
81	CJ/T 183—2008	钢塑复合压力管	CJ/T 183—2003	新兴铸管股份有限公司
82	CJ/T 184—2012	不锈钢衬塑复合管材与管件	CJ/T 184—2003	北京航天凯撒国际投资管理有限公司
83	CJ/T 186—2018	地漏	CJ/T 186—2003	中国建筑装饰装修材料协会
84	CJ/T 187—2013	燃气蒸箱	CJ/T 187—2003	北京市公用事业科学研究所
85	CJ/T 188—2018	户用计量仪表数据传输技术条件	CJ/T 188—2004	中国城市建设研究院有限公司
86	CJ/T 189—2007	钢丝网骨架塑料（聚乙烯）复合管材及管件	CJ/T 189—2004	广东东方管业有限公司
87	CJ/T 190—2015	铝塑复合管用卡压式管件	CJ/T 190—2004	日丰企业集团有限公司
88	CJ/T 192—2017	内衬不锈钢复合钢管	CJ/T 192—2004	上海沪标工程建设咨询有限公司
89	CJ/T 193—2004	内层熔接型铝塑复合管		广东省佛山市日丰企业有限公司
90	CJ/T 194—2014	非接触式给水器具	CJ/T 194—2004	中国城市建设研究院有限公司
91	CJ/T 195—2004	外层熔接型铝塑复合管		金德管业集团有限公司

序号	标准编号	标准名称	被代替标准号	主编单位
92	CJ/T 196—2004	膜片式快开排泥阀		株洲南方阀门股份有限公司
93	CJ/T 197—2010	燃气用具连接用不锈钢波纹软管	CJ/T 197—2004	宁波市圣宇管业股份有限公司
94	CJ/T 198—2004	燃烧器具用不锈钢排气管		浙江东旺不锈钢实业有限公司
95	CJ/T 199—2018	燃烧器具用给排气管	CJ/T 199—2004	浙江东旺不锈钢实业有限公司
96	CJ/T 200—2004	城市部供热预制直埋保温管技术条件		中国城市建设研究院有限公司
97	CJ/T 202—2004	建筑排水系统吸气阀		北京国泰兴业建材销售有限公司
98	CJ/T 203—2016	无堵塞泵	CJ/T 203—2000	天津水工业工程设备有限公司
99	CJ/T 206—2005	城市供水水质标准		中国城市供水协会
100	CJ/T 208—2005	可曲挠橡胶接头	CJ/T 3013.1—1993	上海市松江橡胶制品厂
101	CJ/T 209—2016	喷泉喷头	CJ/T 209—2005	中国建筑金属结构协会
102	CJ/T 210—2005	无规共聚聚丙烯（PP-R）塑铝稳态复合管		武汉金牛经济发展有限公司
103	CJ/T 211—2005	聚合物基复合材料检查井盖		废弃物资源化国家工程研究中心
104	CJ/T 212—2005	聚合物基复合材料水箅		废弃物资源化国家工程研究中心
105	CJ/T 215—2005	城市市政综合监管信息系统　地理编码		北京市东城区人民政府
106	CJ/T 216—2013	给水排水用软密封闸阀	CJ/T 216—2005	中国建筑金属结构协会
107	CJ/T 217—2013	给水管道复合式高速进排气阀	CJ/T 217—2005	广东永泉阀门科技有限公司
108	CJ/T 218—2010	给水用丙烯酸共聚聚氯乙烯材及管件	CJ/T 218—2005	积水（青岛）塑胶有限公司
109	CJ/T 219—2017	水力控制阀	CJ/T 219—2005	上海精嘉阀门制造有限公司
110	CJ/T 220—2017	动物观赏导向标志用图形符号	CJ/T 220—2006	上海动物园
111	CJ/T 221—2005	城市污水处理厂污泥检验方法		青岛市城市排水监测站
112	CJ/T 222—2006	家用燃气燃烧器具合格评定程序及检验规则		中国市政工程华北设计研究院
113	CJ/T 224—2012	电子远传水表	CJ/T 224—2006	宁波水表股份有限公司
114	CJ/T 225—2011	埋地排水用钢带增强聚乙烯（PE）螺旋波纹管		四川森普管材股份有限公司
115	CJ/T 227—2018	有机垃圾生物处理机	CJ/T 227—2006	上海市环境工程设计科学研究院

序号	标准编号	标准名称	被代替标准号	主编单位
116	CJ/T 231—2006	排水用硬聚氯乙烯（PVC-U）玻璃微珠复合管材		金德管业集团有限公司
117	CJ/T 232—2006	薄壁不锈钢内插卡压式管材及管件		苏州市卡莱拇不锈钢直饮水管有限公司
118	CJ/T 233—2016	建筑小区排水用塑料检查井	CJ/T 233—2006	住房和城乡建设部科技发展促进中心
119	CJ/T 234—2006	垃圾填埋场用高密度聚乙烯土工膜		武汉市环境卫生科学研究设计院
120	CJ/T 235—2017	立式长轴泵	CJ/T 235—2006	长沙耐普泵业有限公司
121	CJ/T 236—2006	城市轨道交通站台屏蔽门		方大集团股份有限公司
122	CJ/T 237—2006	钢塑复合压力管用双热熔管件		武汉金牛经济发展有限公司
123	CJ/T 238—2006	耐热聚乙烯（PE-RT）塑铝稳态复合管		武汉金牛经济发展有限公司
124	CJ/T 241—2007	饮用净水水表		北京市自来水集团公司京兆水表有限公司
125	CJ/T 243—2016	建设事业集成电路（IC）卡产品检测	CJ/T 243—2007	住房和城乡建设部IC卡应用服务中心
126	CJ/T 244—2016	游泳池水质标准	CJ 244—2007	中国建筑设计研究院
127	CJ/T 245—2007	虹吸雨水斗		北京泰宁科创科技有限公司
128	CJ/T 246—2018	城镇供热预制直埋蒸汽保温管及管路附件	CJ/T 246—2007	中国城市建设研究院有限公司
129	CJ/T 250—2018	建筑排水用高密度聚乙烯（HDPE）管材及管件	CJ/T 250—2007	上海吉博力房屋卫生设备工程技术有限公司
130	CJ/T 251—2007	铜分集水器		浙江铭仕管业有限公司
131	CJ/T 252—2011	城镇排水水质水量在线监测系统技术要求	CJ/T 252—2007	广州市城市排水监测站
132	CJ/T 253—2007	钢塑复合压力管用管件		新型铸管股份有限公司
133	CJ/T 254—2014	管网叠压供水设备	CJ/T 254—2007	中国建筑金属结构协会
134	CJ/T 255—2007	导流式速闭止回阀		中国建筑金属结构协会给水排水设备分会
135	CJ/T 256—2016	分体先导式减压稳压阀	CJ/T 256—2007	中国建筑金属结构协会给水排水设备分会
136	CJ/T 257—2014	铝合金及不锈钢闸门	CJ/T 257—2007	中国建筑金属结构协会
137	CJ/T 258—2014	纤维增强无规共聚聚丙烯复合管	CJ/T 258—2007	浙江伟星新型建材股份有限公司
138	CJ/T 261—2015	给水排水用蝶阀	CJ/T 261—2007	中国建筑金属结构协会
139	CJ/T 262—2016	给水排水用直埋式闸阀	CJ/T 262—2007	中国建筑金属结构协会给水排水设备分会

序号	标准编号	标准名称	被代替标准号	主编单位
140	CJ/T 263—2018	水处理用刚玉微孔曝气器	CJ/T 3015.1—1993 CJ/T 263—2007	中国市政工程华北设计研究总院有限公司
141	CJ/T 264—2018	水处理用橡胶膜微孔曝气器	CJ/T 3015.4—1996 CJ/T 264—2007	中国市政工程华北设计研究总院有限公司
142	CJ/T 265—2016	无负压给水设备	CJ/T 265—2007	青岛三利集团有限公司
143	CJ 266—2008	饮用水冷水水表安全规则	CJ 3064—1997	北京市自来水集团京兆水表责任有限公司
144	CJ/T 270—2017	聚乙烯塑钢缠绕排水管及连接件	CJ/T 270—2007	华瀚科技有限公司
145	CJ/T 271—2007	蒸发式热分配表		青岛绅田能源管理有限公司
146	CJ/T 272—2008	给水用抗冲改性聚氯乙烯（PVC-M）管材及管件		河北宝硕管材有限公司
147	CJ/T 273—2012	聚丙烯静音排水管材及管件	CJ/T 273—2008	北新集团建材股份有限公司
148	CJ/T 276—2008	垃圾填埋场用线性低密度聚乙烯土工膜		武汉市环境卫生科学研究设计院
149	CJ/T 277—2008	城市道路清扫面积测算方法		武汉市环境卫生科学研究设计院
150	CJ/T 278—2008	建筑排水用聚丙烯（PP）管材和管件		金德管业集团有限公司
151	CJ/T 279—2008	生活垃圾渗滤液碟管式反渗透处理设备		沈阳市环境卫生工程设计研究院
152	CJ/T 280—2008	塑料垃圾桶通用技术条件		北京市环境卫生设计科学研究所
153	CJ/T 281—2008	居住区DCN控制网络通信协议		沈阳西东控制技术有限公司
154	CJ/T 282—2016	蝶形缓闭止回阀	CJ/T 282—2008	中国建筑金属结构协会给水排水设备分会
155	CJ/T 283—2017	偏心半球阀	CJ/T 283—2008	中国建筑金属结构协会给水排水设备分会
156	CJ/T 284—2008	ϕ5.5m ~ ϕ7m 土压平衡盾构机（软土）		上海隧道工程股份有限公司
157	CJ/T 285—2008	城市轨道交通浮置板橡胶隔振器		中国船舶重工集团公司第七一一研究所
158	CJ/T 286—2008	城市轨道交通轨道橡胶减振器		中国船舶重工集团公司第七一一研究所
159	CJ/T 287—2008	跨座式单轨交通车辆通用技术条件		重庆市轨道交通总公司
160	CJ/T 288—2017	预制双层不锈钢烟道及烟囱	CJ/T 288—2008	南京晨光东螺波纹管有限公司
161	CJ/T 292—2008	城市市政综合监管信息系统　绩效评价		北京市东城区人民政府

序号	标准编号	标准名称	被代替标准号	主编单位
162	CJ/T 293—2008	城市市政综合监管信息系统 监管数据无线采集设备		北京市东城区人民政府
163	CJ/T 294—2018	转碟曝气机	CJ/T 294—2008	中国市政工程华北设计研究总院有限公司
164	CJ/T 295—2015	餐饮废水隔油器	CJ/T 295—2008	北京东方海联科技发展有限公司
165	CJ/T 297—2016	桥梁缆索用高密度聚乙烯护套料	CJ/T 297—2008	上海高分子功能材料研究所
166	CJ/T 298—2008	城镇供水营业收费管理信息系统		上海方园系统工程有限公司
167	CJ/T 299—2008	水处理用人工陶粒滤料		中国市政工程中南设计研究院
168	CJ/T 300—2013	建筑给水水锤吸纳器	CJ/T 300—2008	广东永泉阀门科技有限公司
169	CJ/T 301—2008	垃圾填埋场压实机技术要求		武汉市环境卫生科学研究设计院
170	CJ/T 302—2008	箱式无负压供水设备		北京威派格科技发展有限公司
171	CJ/T 303—2008	增压补偿式无负压供水设备		北京威派格科技发展有限公司
172	CJ/T 304—2017	建设事业智能卡操作系统技术要求	CJ/T 304—2008	住房和城乡建设部信息中心
173	CJ/T 305—2009	家用燃气灶具陶瓷面板		深圳市克莱得厨卫电器检测有限公司
174	CJ/T 306—2009	建设事业非接触式 CPU 卡芯片技术要求		住房和城乡建设部信息中心
175	CJ/T 307—2009	城镇排水设施气体的检测方法		广州市城市排水监测站
176	CJ/T 308—2009	水井用硬聚氯乙烯（PVC-U）管材		江阴市星宇塑胶有限公司
177	CJ/T 309—2009	城镇污水处理厂污泥处置农用泥质		中国科学院地理科学与资源研究所
178	CJ/T 311—2009	城市轨道交通直线感应牵引电机技术条件		广州市地下铁道总公司
179	CJ/T 312—2009	建筑排水管道系统噪声测试方法		中国建筑材料检验认证中心
180	CJ/T 313—2009	生活垃圾采样和分析方法	CJ/T 3039—1995	北京市环境卫生设计科学研究院
181	CJ/T 314—2009	城镇污水处理厂污泥处置 水泥熟料生产用泥质		上海市政工程设计研究总院
182	CJ/T 315—2009	城市市政综合监管信息系统 监管案件立案、处置与结案		住房和城乡建设部信息中心
183	CJ/T 317—2009	地源热泵系统用聚乙烯管材及管件		浙江伟星新型建材股份有限公司

序号	标准编号	标准名称	被代替标准号	主编单位
184	CJ/T 318—2009	太阳能热水系统用高密度耐热聚乙烯管材		浙江伟星新型建材股份有限公司
185	CJ/T 319—2010	脚踏阀门	JG/T 3008—1993	中国建筑金属结构协会给水排水设备分会
186	CJ/T 320—2009	超高分子量聚乙烯复合管材		金德管业集团有限公司
187	CJ/T 321—2010	铝合金衬塑复合管材与管件		北京航天凯撒国际投资管理有限公司
188	CJ/T 322—2010	水处理用臭氧发生器	CJ/T 3028.1—1994 CJ/T 3028.2—1994	青岛国林实业有限公司
189	CJ/T 323—2015	超高分子量聚乙烯钢骨架复合管材	CJ/T 323—2010	江苏申视新材料科技有限公司
190	CJ/T 324—2010	真空破坏器		上海现代建筑设计（集团）有限公司技术中心
191	CJ/T 325—2010	公共浴池水质标准		中国建筑设计研究院
192	CJ/T 326—2010	市政排水用塑料检查井		中国市政工程西南设计研究院
193	CJ/T 327—2010	球墨铸铁复合树脂检查井盖		金山环保集团浙江金山道路设施有限公司
194	CJ/T 328—2010	球墨铸铁复合树脂水箅		金山环保集团浙江金山道路设施有限公司
195	CJ/T 329—2010	埋地双平壁钢塑复合缠绕排水管		成都国通实业有限责任公司
196	CJ/T 330—2010	电子标签通用技术要求		住房和城乡建设部信息中心
197	CJ/T 331—2016	城市公用事业互联互通卡通用技术要求	CJ/T 331—2010	住房和城乡建设部IC卡应用服务中心
198	CJ/T 332—2016	城市公用事业互联互通卡清分清算技术要求	CJ/T 332—2010	住房和城乡建设部IC卡应用服务中心
199	CJ/T 333—2010	城市公用事业互联互通卡密钥及安全技术要求		住房和城乡建设部IC卡应用服务中心
200	CJ/T 334—2010	集成电路（IC）卡燃气流量计		北京市公用事业科学研究所
201	CJ/T 335—2010	城镇燃气切断阀和放散阀		北京市公用事业科学研究所
202	CJ/T 336—2010	冷凝式家用燃气快速热水器		广东万家乐燃气具有限公司
203	CJ/T 337—2010	城镇污水热泵热能利用水质		天津市市政工程设计研究院
204	CJ/T 338—2010	生活垃圾转运站压缩机		上海环境卫生工程设计院
205	CJ/T 340—2016	绿化种植土壤	CJ/T 340—2011	上海市绿化和市容管理局
206	CJ/T 341—2010	混空轻烃燃气		中国城市燃气协会
207	CJ/T 342—2010	快速公共汽车交通（BRT）站台屏蔽门		中国城市公共交通协会科学技术分会

序号	标准编号	标准名称	被代替标准号	主编单位
208	CJ/T 344—2010	中间腔空气隔断型倒流防止器		株洲南方阀门股份有限公司
209	CJ/T 345—2010	生活饮用水净水厂用煤质活性炭		宁夏欣荣洁源环保开发有限公司
210	CJ/T 346—2010	家用燃具自动截止阀		艾默生环境优化技术（苏州）研发有限公司
211	CJ/T 347—2010	家用燃气报警器及传感器	CJ/T 3057—1996	中国市政工程华北设计研究总院
212	CJ/T 351—2010	叠压高位调蓄供水设备		北京威派格科技发展有限公司
213	CJ/T 352—2010	微机控制变频调速给水设备	JG/T 3009—1993	青岛三利集团有限公司
214	CJ/T 353—2010	城市轨道交通车辆贯通道技术条件		南车青岛四方机车车辆股份有限公司
215	CJ/T 354—2010	城市轨道交通车辆空调、采暖及通风装置技术条件		南车青岛四方机车车辆股份有限公司
216	CJ/T 355—2010	小型生活污水处理成套设备		北京汉青天朗水处理科技有限公司
217	CJ/T 356—2010	家用及建筑物用电子系统（HBES）通用技术条件		深圳市视得安罗格朗电子股份有限公司
218	CJ/T 357—2010	热量表检定装置		住房和城乡建设部信息中心
219	CJ/T 358—2010	非开挖铺设用高密度聚乙烯排水管		住房和城乡建设部科技发展促进中心
220	CJ/T 359—2016	铝合金及不锈钢水表壳及管接件	CJ/T 359—2010	江西三川水表股份有限公司
221	CJ/T 361—2011	水景用发光二极管（LED）灯		中国建筑金属结构协会给水排水设备分会
222	CJ/T 362—2011	城镇污水处理厂污泥处置　林地用泥质		中国科学院地理科学与资源研究所
223	CJ/T 363—2011	建筑同层排水部件		上海吉博力房屋卫生设备工程技术有限公司
224	CJ/T 364—2011	管道式电磁流量计在线校准要求		中国城镇供水排水协会设备材料工作委员会
225	CJ/T 365—2011	地铁与轻轨车辆转向架技术条件		铁科院（北京）工程咨询有限公司
226	CJ/T 366—2011	自导向轮胎式车辆通用技术条件		铁科院（北京）工程咨询有限公司
227	CJ/T 367—2011	高速磁浮交通车辆通用技术条件		上海磁浮交通工程技术研究中心
228	CJ/T 369—2011	堆肥自动监测与控制设备		北京中科博联环境工程有限公司

序号	标准编号	标准名称	被代替标准号	主编单位
229	CJ/T 370—2011	城市轨道交通直流牵引供电整流机组技术条件		南车株洲电力机车研究所有限公司
230	CJ/T 371—2011	垃圾填埋场用高密度聚乙烯管材		国家化学建筑材料测试中心
231	CJ/T 372—2011	冷热水用无规共聚聚丁烯管材及管件		浙江伟星新型建材股份有限公司
232	CJ/T 373—2011	活塞平衡式水泵控制阀		佛山市南海永兴阀门制造有限公司
233	CJ/T 374—2011	城镇桥梁球型钢支座		上海市政工程设计研究总院（集团）有限公司
234	CJ/T 375—2011	中低速磁浮交通车辆通用技术条件		上海磁浮交通工程技术研究中心
235	CJ/T 376—2011	居住区数字系统评价标准		住房和城乡建设部信息中心
236	CJ/T 377—2011	废物箱通用技术要求	CJ/T 5026—1998	上海市环境卫生工程设计科学研究院
237	CJ/T 378—2011	活动厕所		上海美申环境设施设备有限公司
238	CJ/T 379—2011	多功能斜板阀		株洲南方阀门股份有限公司
239	CJ/T 380—2011	污水提升装置技术条件		安徽天健水处理设备有限公司
240	CJ/T 381—2011	无负压一体化智能给水设备		青岛三利集团有限公司
241	CJ/T 382—2011	不锈钢卡装蝶阀		青岛三利集团有限公司
242	CJ/T 383—2011	电子直读式水表		宁波龙康智能仪表有限公司
243	CJ/T 384—2011	城市地理空间信息基础设施共享与服务技术		住房和城乡建设部信息中心
244	CJ/T 385—2011	城镇燃气用防雷接头		重庆新大福机械有限责任公司
245	CJ/T 386—2012	集成灶		国家燃气用具质量监督检验中心
246	CJ/T 387—2012	城市轨道交通设备房标识		南京地铁科技咨询有限公司
247	CJ/T 388—2012	给水排水用滗水器通用技术条件		天津水工业工程设备有限公司
248	CJ/T 390—2012	板式垃圾输送机		宜昌市固废公司
249	CJ/T 391—2012	生活垃圾收集站压缩机		珠海经济特区联谊机电工程有限公司
250	CJ/T 392—2012	炊用燃气大锅灶	CJ/T 3030—1995	北京市公用事业科学研究所
251	CJ/T 393—2012	家用燃气器具旋塞阀总成	CJ/T 3072—1998	浙江新涛电子机械股份有限公司
252	CJ/T 394—2018	电磁式燃气紧急切断阀	CJ/T 394—2012	中国城市燃气协会

序号	标准编号	标准名称	被代替标准号	主编单位
253	CJ/T 395—2012	冷凝式燃气暖浴两用炉		广州迪森家用锅炉制造有限公司
254	CJ/T 396—2012	鸭嘴式橡胶止回阀		株洲南方阀门股份有限公司
255	CJ/T 398—2012	家用燃气用具电子式燃气与空气比例调节装置		浙江三国精密机电有限公司
256	CJ/T 399—2012	聚氨酯泡沫合成轨枕		广州市地下铁道总公司
257	CJ/T 400—2012	再生骨料地面砖和透水砖		废弃物资源化国家工程研究中心
258	CJ/T 401—2012	梯形轨枕技术条件		北京易科路通科技有限公司
259	CJ/T 402—2012	城市部供热管道用波纹管补偿器		中国城市建设研究院有限公司
260	CJ/T 403—2012	活塞式大流量排污阀		广东永泉阀门科技有限公司
261	CJ/T 404—2012	防气蚀大压差可调减压阀		广东永泉阀门科技有限公司
262	CJ/T 405—2012	游泳池用压力式过滤器		中国建筑设计研究院
263	CJ/T 406—2012	不锈钢水嘴		广东坚朗五金制品股份有限公司
264	CJ/T 407—2012	城市轨道交通基于通信的列车自动控制系统技术要求		北京交通大学
265	CJ/T 408—2012	好氧堆肥氧气自动监测设备		中国科学院地理科学与资源研究所
266	CJ/T 409—2012	玻璃钢化粪池技术要求		河南宜佳环保有限公司
267	CJ/T 410—2012	隔油提升一体化设备		安徽天健水处理设备有限公司
268	CJ/T 411—2012	中低速磁浮交通车辆电气系统技术条件		北京控股磁悬浮技术发展有限公司
269	CJ/T 412—2012	中低速磁浮交通道岔系统设备技术条		北京控股磁悬浮技术发展有限公司
270	CJ/T 413—2012	中低速磁浮交通轨排通用技术条件		北京控股磁悬浮技术发展有限公司
271	CJ/T 414—2012	城市轨道交通钢铝复合导电轨技术要求		北京市地铁运营有限公司设计研究所
272	CJ/T 415—2013	城镇供水管网加压泵站无负压供水设备		北京威派格科技发展有限公司
273	CJ/T 416—2012	城市轨道交通车辆防火要求		长春轨道客车股份有限公司
274	CJ/T 417—2012	低地板有轨电车车辆通用技术条件		长春轨道客车股份有限公司
275	CJ/T 418—2012	洗扫车		长沙中联重工科技发展股份有限公司
276	CJ/T 420—2013	LED 路灯		中微光电子（潍坊）有限公司

序号	标准编号	标准名称	被代替标准号	主编单位
277	CJ/T 421—2013	家用燃气燃烧器具电子控制器	CJ/T 3074—1998	中国市政工程华北设计院
278	CJ/T 422—2013	城市市政综合监管信息系统　管理部件和事件信息采集		杭州市城市管理委员会
279	CJ/T 423—2013	城市市政综合监管信息系统　模式验收		北京市东城区监督指挥中心
280	CJ/T 425—2013	风景名胜区公共服务营销平台		中国风景名胜区协会
281	CJ/T 426—2013	风景名胜区公共服务自助游信息服务		中国风景名胜区协会
282	CJ/T 427—2013	超高分子量聚乙烯膜片复合管		济南先河科技开发有限公司
283	CJ/T 428—2013	生活垃圾渗沥液检测方法	CJ/T 3018.1～3018.15—1993	上海市环境工程设计科学研究院有限公司
284	CJ/T 429—2013	汽车库和停车场车位引导装置		广东艾科技术股份有限公司
285	CJ/T 430—2013	垃圾填埋场用非织造土工布		上海市环境工程设计科学研究院
286	CJ/T 431—2013	排水用螺纹钢管		黑龙江昕泰管业有限公司
287	CJ/T 432—2013	生活垃圾焚烧厂垃圾抓斗起重机技术要求		上海市环境工程设计科学研究院有限公司
288	CJ/T 433—2013	压接式碳钢连接管材及管件		浙江正康实业有限公司
289	CJ/T 434—2013	超声波水表		合肥迪贝仪表技术开发有限公司
290	CJ/T 435—2013	燃气用铝合金衬塑复合管材及管件		北京航天凯撒国际投资管理有限公司
291	CJ/T 436—2013	垃圾填埋场用土工网垫		北京高能时代环境技术股份有限公司
292	CJ/T 437—2013	垃圾填埋场用土工滤网		北京高能时代环境技术股份有限公司
293	CJ/T 438—2013	单体浇铸尼龙－钢复合管材和管件		广东科进尼龙管道制品有限公司
294	CJ/T 439—2013	单体浇铸增强尼龙管材和管件		广东科进尼龙管道制品有限公司
295	CJ/T 440—2013	无负压静音管中泵给水设备		厦门海源泵业有限公司
296	CJ/T 441—2013	户用生活污水处理装置		苏州嘉净环保科技股份有限公司
297	CJ/T 442—2013	建筑排水低噪声硬聚氯乙烯（PVC-U）管材		中国建材检验认证集团股份有限公司

序号	标准编号	标准名称	被代替标准号	主编单位
298	CJ/T 443—2014	给水排水用格栅除污机通用技术条件		天津水工业工程设备有限公司
299	CJ/T 444—2014	静音管网叠压给水设备		无锡康宇水处理设备有限公司
300	CJ/T 445—2014	给水用抗冲抗压双轴取向聚氯乙烯（PVC-O）管材及连接件		内蒙古亿利塑业有限责任公司
301	CJ/T 446—2014	泥水平衡盾构机		北方重工集团有限公司
302	CJ/T 447—2014	管道燃气自闭阀		中国城市燃气协会
303	CJ/T 448—2014	城镇燃气加臭装置		沈阳光正工业有限公司
304	CJ/T 449—2014	切断型膜式燃气表		重庆前卫克罗姆表业有限责任公司
305	CJ/T 450—2014	燃气燃烧器具气动式燃气与空气比例调节装置		广州市精鼎电器科技有限公司
306	CJ/T 451—2014	商用燃气燃烧器具通用技术条件		中国市政工程华北设计研究总院
307	CJ/T 452—2014	垃圾填埋场用土工排水网		北京高能垫衬工程有限公司
308	CJ/T 453—2014	地铁隧道防淹门		中国建筑标准设计研究院
309	CJ/T 454—2014	城镇供水水量计量仪表的配备和管理通则	CJ/T 3019—1993	北京市自来水集团京兆水表有限责任公司
310	CJ/T 455—2014	电子标签产品检测		住房和城乡建设部IC卡应用服务中心
311	CJ/T 456—2014	气体保压式叠压供水设备		山东双轮股份有限公司
312	CJ/T 457—2014	高杆照明设施技术条件	CJ/T 3076—1998	常州市城市照明管理处
313	CJ/T 458—2014	中低速磁浮交通车辆悬浮控制系统技术条件		北京控股磁悬浮技术发展有限公司
314	CJ/T 459—2014	推雪铲		中联重科股份有限公司
315	CJ/T 460—2014	垃圾滚筒筛	CJ/T 5013—1995	上海市环境工程设计科学研究院有限公司
316	CJ/T 461—2014	水处理用高密度聚乙烯悬浮载体填料		国家城市给水排水工程技术研究中心
317	CJ/T 462—2014	直连式加压供水机组		杭州杭开新能源科技有限公司
318	CJ/T 463—2014	薄壁不锈钢承插压合式管件		成都品冠管业有限公司
319	CJ/T 464—2014	城市轨道交通桥梁盆式支座		衡水宝力工程橡胶有限公司
320	CJ/T 465—2015	垃圾源臭气实时在线检测设备		北京中科博联环境工程有限公司
321	CJ/T 466—2014	燃气输送用不锈钢管及双卡压式管件		深圳雅昌管业有限公司

序号	标准编号	标准名称	被代替标准号	主编单位
322	CJ/T 467—2014	半即热式换热器	CJ/T 3047—1995	河北保定太行集团有限责任公司
323	CJ/T 468—2014	矢量变频供水设备		北京威派格科技发展有限公司
324	CJ/T 469—2015	燃气热水器及采暖炉用热交换器		成都前锋热交换器有限责任公司
325	CJ/T 470—2015	瓶装液化二甲醚调压器		国家燃气用具质量监督检验中心
326	CJ/T 471—2015	法兰衬里中线蝶阀		广东永泉阀门科技有限公司
327	CJ/T 472—2015	潜水排污泵	CJ/T 3038—1995	天津艾杰环保技术工程有限公司
328	CJ/T 473—2015	排水管道闭气检验用板式密封管堵	CJ/T 3021—1993	天津艾杰环保技术工程有限公司
329	CJ/T 474—2015	城镇供水管理信息系统 供水水质指标分类与编码		中国城市规划设计研究院
330	CJ/T 475—2015	微孔曝气器清水氧传质性能测定	CJ/T 3015.2—1993	中国人民大学
331	CJ/T 476—2015	建筑机电设备抗震支吊架通用技术条件		深圳优力可科技有限公司
332	CJ/T 477—2015	超声波燃气表		武汉盛帆电子股份有限公司
333	CJ/T 478—2015	餐厨废弃物油水自动分离设备		安徽天健环保股份有限公司
334	CJ/T 479—2015	燃气燃烧器具实验室技术通则	CJ/T 3075.1—1998 CJ/T 3075.2—1998	中国市政工程华北设计研究总院
335	CJ/T 480—2015	高密度聚乙烯外护管聚氨酯发泡预制直埋保温复合塑料管		中国建筑科学研究院
336	CJ/T 481—2016	城镇给水用铁制阀门通用技术要求	CJ/T 3049—1995	中国建筑金属结构协会
337	CJ/T 482—2015	城市轨道交通桥梁球型钢支座		铁道第三勘察设计院集团有限公司
338	CJ/T 483—2015	埋地式垃圾收集装置		上海美申环境设施设备有限公司
339	CJ/T 484—2016	阶梯水价水表		西安旌旗电子股份有限公司
340	CJ/T 485—2015	生活垃圾渗沥液卷式反渗透设备		上海市环境工程设计科学研究院有限公司
341	CJ/T 486—2015	土壤固化外加剂	CJ/T 3073—1998	北京建筑材料科学研究总院有限公司
342	CJ/T 487—2015	城镇供热管道用焊制套筒补偿器	CJ/T 3016.2—1994	北京市煤气热力工程设计院有限公司
343	CJ/T 488—2016	建筑排水钢塑复合短螺距内螺旋管材		中国建筑装饰装修材料协会
344	CJ/T 489—2016	塑料化粪池		昆明普尔顿管业有限公司

序号	标准编号	标准名称	被代替标准号	主编单位
345	CJ/T 490—2016	燃气用具连接用金属包覆软管		杭州万全金属软管有限公司
346	CJ/T 491—2016	燃气用具连接用橡胶复合软管		北京市公用事业科学研究所
347	CJ/T 492—2016	弧形格栅除污机	CJ/T 3065—1997	天津艾杰环保技术工程有限公司
348	CJ/T 493—2016	给水用高性能硬聚氯乙烯管材及连接件		河北泉恩高科技管业有限公司
349	CJ/T 494—2016	带过滤防倒流螺纹连接可调减压阀		广东永泉阀门科技有限公司
350	CJ/T 495—2016	城市桥梁缆索用钢丝	CJ 3077—1998	上海市政工程设计研究总院（集团）有限公司
351	CJ/T 496—2016	垃圾专用集装箱	CJ/T 5025—1997	天津市环境卫生工程设计院
352	CJ/T 497—2016	城市轨道交通桥梁伸缩装置		衡水宝力工程橡胶有限公司
353	CJ/T 498—2016	自动搅匀排污泵		上海熊猫机械（集团）有限公司
354	CJ/T 499—2016	剪切式垃圾破碎机		重庆三峰卡万塔环境产业有限公司
355	CJ/T 500—2016	城市轨道交通车地实时视频传输系统		北京新岸线移动多媒体技术有限公司
356	CJ/T 501—2016	隔绝式气体定压装置	CJ/T 3053—1995	哈尔滨工业大学
357	CJ/T 502—2016	卡压式铜管件		中国建筑装饰装修材料协会
358	CJ/T 503—2016	无线远传膜式燃气表		新天科技股份有限公司
359	CJ/T 504—2016	高密度聚乙烯护套钢丝拉索	CJ 3058—1996	上海市政工程设计研究总院（集团）有限公司
360	CJ/T 505—2017	一体化好氧发酵设备		北京中科博联环境工程有限公司
361	CJ/T 506—2016	堆肥翻堆机		北京中科博联环境工程有限公司
362	CJ/T 507—2016	重力式污泥浓缩池周边传动浓缩机	CJ/T 3043—1995	中国市政工程华北设计研究总院
363	CJ/T 508—2016	污泥脱水用带式压滤机	CJ/T 80—1999	中国市政工程华北设计研究总院
364	CJ/T 509—2016	拦污用栅条式格栅	CJ/T 39—1999	中国市政工程华北设计研究总院有限公司
365	CJ/T 510—2017	城镇污水处理厂污泥处理 稳定标准		上海市政工程设计研究总院（集团）有限公司
366	CJ/T 511—2017	铸铁检查井盖	CJ/T 3012—1993	北京市市政工程研究园院
367	CJ/T 512—2017	园林植物筛选通用技术要求		北京林业大学、中国城市建设研究院有限公司

序号	标准编号	标准名称	被代替标准号	主编单位
368	CJ/T 513—2018	城镇燃气设备材料分类与编码		北京市燃气集团有限责任公司
369	CJ/T 514—2018	燃气输送用金属阀门	CJ/T 3005—1992 CJ/T 3055—1995 CJ/T 3056—1995	国家燃气用具质量监督检验中心
370	CJ/T 515—2018	燃气锅炉烟气冷凝热能回收装置		北京建筑大学（北京建筑工程学院）、哈尔滨工业大学
371	CJ/T 516—2017	生活垃圾除臭剂技术要求		湖北宜昌市固废处置管理中心
372	CJ/T 517—2017	生活垃圾渗沥液厌氧反应器		上海市环境工程设计科学研究院有限公司
373	CJ/T 518—2017	潜水轴流泵	CJ/T 3060—1996	天津市市政工程设计研究院
374	CJ/T 519—2018	市政管道电视检测仪		保定金迪科学仪器有限公司
375	CJ/T 520—2017	齿环卡压式薄壁不锈钢管件		江苏金羊慧家管道系统有限公司
376	CJ/T 521—2018	生活热水水质标准		中国建筑设计院有限公司
377	CJ/T 522—2018	污水处理用沉砂池行车式吸砂机	CJ/T 3044—1995	中国市政工程华北设计研究总院有限公司
378	CJ/T 523—2018	水处理用辐流沉淀池周边传动刮泥机	CJ/T 3042—1995	中国市政工程华北设计研究总院有限公司
379	CJ/T 524—2018	加臭剂浓度监测仪		普利莱（天津）燃气设备有限公司
380	CJ/T 525—2018	供水管网漏水检测听漏仪		北京埃德尔黛威新技术有限公司
381	CJ/T 526—2018	软土固化剂		北京中岩大地工程技术有限公司
382	CJ/T 527—2018	道路照明灯杆技术条件		常州市城市照明管理处
383	CJ/T 528—2018	游泳池除湿热回收热泵		易达热泵（深圳）有限公司
384	CJ/T 529—2018	冷拌用沥青再生剂		北京交通大学
385	CJ/T 530—2018	饮用水处理用浸没式中空纤维超滤膜组件及装置		住房和城乡建设部科技发展促进中心
386	CJ/T 531—2018	生活垃圾焚烧灰渣取样制样与检测		中国城市建设研究院有限公司
387	CJ/T 532—2018	城市户外广告设施巡检监管信息系统		南京金达传媒科技有限公司
388	CJ/T 533—2018	城市轨道交通车辆车体技术条件		中国铁道科学研究院城市轨道交通中心
389	CJ/T 534—2018	游泳池及水疗池用循环水泵		巨龙电机（宁德）有限公司

序号	标准编号	标准名称	被代替标准号	主编单位
390	CJ/T 535—2018	物联网水表		三川智慧科技股份有限公司
391	CJ/T 563—2018	市政及建筑用防腐铁艺护栏技术条件		鹤山市鸿图铁艺实业有限公司
392	CJ/T 3006—1992	供水排水用铸铁阀门		上海市市政工程设计院
393	CJ/T 3007—1992	供水排水用螺旋提升泵		上海市市政工程设计院
394	CJ/T 3008.1—1993	城市排水流量堰槽测量技术标准　三角形薄壁堰		北京市市政工程局
395	CJ/T 3008.2—1993	城市排水流量堰槽测量技术标准　巨形薄壁堰		北京市市政工程局
396	CJ/T 3008.3—1993	城市排水流量堰槽测量技术标准　巴歇尔量水槽		北京市市政工程局
397	CJ/T 3008.4—1993	城市排水流量堰槽测量技术标准　宽顶堰		北京市市政工程局
398	CJ/T 3008.5—1993	城市排水流量堰槽测量技术标准　三角形剖面堰		北京市市政工程局
399	CJ/T 3011—1993	无轨电车供电网规划和设计标准		天津市公共交通五厂
400	CJ/T 3014—1993	重力式污泥浓缩池悬排式中心传动刮泥机		上海市海水淡化与综合利用研究所
401	CJ/T 3016.2—1994	城市部供热补偿器－焊制套筒补偿器		北京市煤气热力工程设计院
402	CJ/T 3017—1993	潜水电磁流量计		开封市自来水公司流量计厂
403	CJ/T 3020—1993	生活饮用水水源水质标准	CJ 3020—1993	中国市政工程中南设计院
404	CJ/T 3029—1994	可调式堰门		天津市政工程勘察院
405	CJ/T 3035—1995	城镇建设和建筑工业产品型号编制规则		中国城市建设研究院有限公司
406	CJ/T 3041—1995	水处理用天然锰沙滤料		哈尔滨建工学院
407	CJ/T 3046.4—1995	城市公共交主要通经济技术指标综合统计报表　地铁		上海市公共交通总公司
408	CJ/T 3048—1995	平面格栅除污机		长沙建设机械研究所
409	CJ/T 3060—1996	潜水轴流泵		天津市市政工程设计研究院
410	CJ/T 3061—1996	水处理用溶药搅拌设备		天津海水淡化与综合利用研究所
411	CJ/T 3062—1996	燃气燃烧器具使用交流电源的安全通用要求	CJ 3062—1996	中国市政工程华北设计院
412	CJ/T 3063—1997	给水排水用超声流量计		中国计量科学研究院

序号	标准编号	标准名称	被代替标准号	主编单位
413	CJ/T 3069—1997	城镇燃气计量单位和符号		中国市政工程华北设计院
414	CJ/T 3070—1999	城市用水分类标准		上海自来水公司
415	CJ/T 3071—1998	转刷曝气器		上海市市政工程设计研究总院
416	CJ/T 3077—1998	建筑缆索用钢丝	CJ 3077—1998	上海市市政工程设计研究总院
417	CJ/T 5020.1—1995	无轨电车供电触线网交叉器		沈阳电车总公司
418	CJ/T 5020.2—1995	无轨电车供电并线器		沈阳电车总公司

（三）建筑工业行业标准

序号	标准编号	标准名称	被代替标准号	主编单位
1	JG/T 2—2018	钢制板型散热器	JG 2—2007	中国建筑金属结构协会
2	JG/T 3—2002	采暖散热器　灰铸铁柱型散热器	JG 3—2002	中国建筑金属结构协会
3	JG/T 4—2002	采暖散热器　灰铸铁翼型散热器	JG 4—2002	中国建筑金属结构协会
4	JG/T 6—1999	采暖散热器系列系数、螺纹及配件	JGJ 31—1986	哈尔滨建筑大学
5	JG/T 8—2016	钢桁架构件	JG 8—1999 JG 9—1999	中国建筑标准设计研究院
6	JG/T 10—2009	钢网架　螺栓球节点	JG 10—1999	中国建筑标准设计研究院
7	JG/T 11—2009	钢网架　焊接空心球节点	JG 11—1999	中国建筑标准设计研究院
8	JG/T 13—1999	门式钢管脚手架	JG 13—1999	中国建筑标准设计研究院
9	JG/T 14—2010	通风空调风口	JG/T 14—1999	中国建筑科学研究院
10	JG/T 20—1999	空气分布器性能试验方法	GB 8070—1987	中国建筑科学研究院
11	JG/T 21—1999	空气冷却器与空气加热器性能试验方法	GB 10223—1988	中国建筑科学研究院
12	JG/T 23—2001	建筑涂料涂层试板的制备	JG/T 23—1999	中国建筑科学研究院
13	JG/T 24—2018	合成树脂乳液砂壁状建筑涂料	JG/T 24—2001	中国建筑科学研究院
14	JG/T 25—2017	建筑涂料涂层耐温变性试验方法	JG/T 25—1999	北京市建筑科学研究所
15	JG/T 26—2002	外墙无机建筑涂料	JG/T 26—1999	中国建筑科学研究院
16	JG/T 41—1999	推拉不锈钢窗		中国建设机械总公司
17	JG/T 42—2006	灰浆搅拌泵	JG/T 42—1999 JG/T 43—1999 JG/T 86—1999	中国建筑科学研究院
18	JG/T 49—2000	翻斗车	GB 7920.7—1987 JG/T 49—1999 JG/T 50—1999 JG/T 51—1999 JG/T 52—1999	长沙建设机械研究院
19	JG/T 54—1999	塔式起重机司机室技术条件	GB 10673—89	长沙建设机械研究院
20	JG/T 94—2013	钢筋气压焊机	JG/T 94—1999	陕西省建筑科学研究院
21	JG/T 100—1999	塔式起重机操作使用规程	ZB J80 012—1989	北京机械施工公司

序号	标准编号	标准名称	被代替标准号	主编单位
22	JG/T 115—2018	建筑用钢门窗型材	JG/T 115—1999 JG/T 73—1999	中国建筑金属结构协会
23	JG/T 116—2012	聚碳酸酯（PC）中空板	JG/T 116—1999	国家化学建筑材料测试中心（材料测试部）
24	JG/T 118—2018	建筑隔震橡胶支座	JG 118—2000	中国建筑科学研究院
25	JG/T 119—2000	自装式翻斗车		北京建筑机械综合研究所
26	JG/T 124—2017	建筑门窗五金件　传动机构用执手	JG/T 124—2007	中国建筑金属结构协会建筑门窗配套件委员会
27	JG/T 125—2017	建筑门窗五金件　合页（铰链）	JG/T 125—2007	中国建筑金属结构协会建筑门窗配套件委员会
28	JG/T 126—2017	建筑门窗五金件　传动锁闭器	JG/T 126—2007	中国建筑金属结构协会建筑门窗配套件委员会
29	JG/T 127—2017	建筑门窗五金件　滑撑	JG/T 127—2007	中国建筑金属结构协会建筑门窗配套件委员会
30	JG/T 128—2017	建筑门窗五金件　撑挡	JG/T 128—2007	中国建筑金属结构协会建筑门窗配套件委员会
31	JG/T 129—2017	建筑门窗五金件　滑轮	JG/T 129—2007	中国建筑金属结构协会建筑门窗配套件委员会
32	JG/T 130—2017	建筑门窗五金件　单点锁闭器	JG/T 130—2007	中国建筑金属结构协会建筑门窗配套件委员会
33	JG/T 131—2000	聚氯乙烯（PVC）门窗增强型钢		中国建筑金属结构协会
34	JG/T 132—2000	聚氯乙烯（PVC）门窗固定片		中国建筑金属结构协会
35	JG/T 136—2016	单层网壳嵌入式毂节点	JG/T 136—2001	河南沁阳市网架玻璃钢公司
36	JG/T 137—2007	结构用高频焊接薄壁H型钢	JG/T 137—2001	中国建筑标准设计研究院
37	JG/T 138—2010	点支式建筑玻璃支承装置	JG 138—2001	东莞市坚朗五金制品有限公司
38	JG/T 139—2017	吊挂式玻璃幕墙用吊夹	JG/T 139—2001	珠海市晶艺玻璃工程有限公司
39	JG/T 141—2001	膨润土橡胶遇水膨胀止水条		四川省建材工业科学研究院
40	JG/T 142—2002	建筑用电子水平尺	JG 142—2002	湖南华星宇传感技术有限公司
41	JG/T 143—2018	铝制柱翼型散热器	JG/T 143—2002	中国建筑金属结构协会
42	JG/T 144—2016	门式刚架轻型房屋钢构件	JG 144—2002	中国建筑标准设计研究院
43	JG/T 145—2002	钢筋套筒挤压机		中国建筑科学研究院
44	JG/T 146—2002	钢筋直螺纹成型机		中国建筑科学研究院
45	JG/T 147—2002	额定电压0.6/1kV铜芯塑料绝缘预制分支电力电缆		中国建筑标准设计研究院

序号	标准编号	标准名称	被代替标准号	主编单位
46	JG/T 148—2018	钢管散热器	JG/T 1—1999 JG/T 148—2002	中国建筑机械总公司
47	JG/T 151—2015	建筑产品分类和编码	JG/T 151—2003	中国建筑标准设计研究院
48	JG/T 153—2012	上滑道车库门	JG/T 153—2003	许继施普雷特机电设备有限公司
49	JG/T 154—2003	电动伸缩围墙大门	JG/T 154—2003	南京九竹科技实业有限公司
50	JG/T 155—2014	电动平开、推拉围墙大门	JG/T 155—2003	红门智能科技股份有限公司
51	JG/T 156—2004	竹胶合板模板	JG/T 3026—1995	北京建筑工程学院
52	JG/T 157—2009	建筑外墙用腻子	JG/T 157—2004	中国建筑科学研究院
53	JG/T 158—2004	胶粉聚苯颗粒外墙外保温系统材料	JG 158—2004	中国建筑标准设计研究院
54	JG/T 159—2004	外墙内保温板		北京市建筑材料科学研究院
55	JG/T 160—2017	混凝土用机械锚栓	JG/T 160—2004 JG/T 367—2012	中国建筑科学研究院 北京雄杰方业建筑技术发展有限责任公司
56	JG/T 161—2016	无粘结预应力钢绞线	JG/T 161—2004	中国建筑科学研究院
57	JG/T 162—2017	民用建筑远传抄表系统	JG/T 162—2009	住房和城乡建设部政策研究中心
58	JG/T 163—2013	钢筋机械连接用套筒	JG 163—2004	中国建筑科学研究院
59	JG/T 164—2004	砌筑砂浆增塑剂		湖南大学
60	JG/T 165—2004	建筑企业管理信息系统软件通用标准		北京理正软件设计研究院有限公司
61	JG/T 166—2016	纤维片材加固修复结构用粘结树脂	JG/T 166—2004	中冶集团建筑研究总院
62	JG/T 167—2016	结构加固修复用碳纤维片材	JG/T 167—2004	中冶集团建筑研究总院
63	JG/T 169—2016	建筑隔墙用轻质条板通用技术要求	JG/T 169—2005	国家住宅与居住环境工程技术研究中心
64	JG/T 172—2014	建筑弹性涂料	JG/T 172—2005	北京金隅涂料有限责任公司
65	JG/T 173—2005	集成型铝合金门窗		中国建筑标准设计研究院
66	JG/T 174—2014	建筑铝合金型材用聚酰胺隔热条	JG/T 174—2005	中国建筑金属结构协会
67	JG/T 175—2011	建筑用隔热铝合金型材 第 1 部分：穿条式	JG 175—2011	中国建筑标准设计研究院
68	JG/T 176—2015	塑料门窗及型材功能结构尺寸	JG/T 176—2005	中国建筑金属结构协会
69	JG/T 177—2005	自动门	JG/T 3015.1—1994 JG/T 3015.2—1994	中国建筑装饰协会
70	JG/T 178—2005	建筑结构用冷弯矩形钢管		宝钢集团上海钢铁工艺技术研究所

序号	标准编号	标准名称	被代替标准号	主编单位
71	JG/T 181—2005	工程建设地理信息系统软件通用标准		北京理正软件设计研究院有限公司
72	JG/T 182—2008	住宅轻钢装配式构件		住房和城乡建设部住宅产业化促进中心
73	JG/T 183—2011	住宅整体卫浴间	JG/T 183—2006	住房和城乡建设部政策研究中心住宅厨房卫生间技术研究所
74	JG/T 184—2011	住宅整体厨房	JG/T 184—2006	住房和城乡建设部政策研究中心住宅厨房卫生间技术研究所
75	JG/T 185—2006	玻璃纤维增强塑料（玻璃钢）门		中国建筑金属结构协会
76	JG/T 186—2006	玻璃纤维增强塑料（玻璃钢）窗		中国建筑金属结构协会
77	JG/T 188—2010	混凝土节水保湿养护膜	JG/T 188—2006	长沙圣华科技发展有限公司
78	JG/T 191—2006	城市社区体育设施技术要求		国家体育总局体育设施建设和标准办公室
79	JG/T 193—2006	钠基膨润土防水毯		北京博克建筑化学材料有限公司
80	JG/T 194—2018	住宅厨房和卫生间排烟（气）道制品	JG/T 3044—1998 JG/T 194—2006 JG/T 3028—1995	沈阳建筑大学
81	JG/T 196—2018	钢板桩	JG/T 196—2007	中国建筑科学研究院
82	JG/T 197—2018	预应力混凝土空心方桩	JG 197—2006	中国建筑科学研究院
83	JG/T 198—2007	建筑对象数字化定义		中国建筑标准设计研究院
84	JG/T 199—2007	建筑用竹材物理力学性质试验方法		哈尔滨工业大学
85	JG/T 201—2007	建筑幕墙用钢索压管接头		深圳市三鑫特种玻璃技术股份有限公司
86	JG/T 202—2007	工程管道用聚氨酯、蛭石绝热材料支吊架		上海新奇五金有限公司
87	JG/T 203—2007	钢结构超声波探伤及质量分级法	JG/T 3034.1—1996 JG/T 3034.2—1996	苏州热工研究院有限公司
88	JG/T 206—2018	外墙外保温用丙烯酸涂料	JG/T 206—2007	深圳市嘉达产业投资控股集团有限公司
89	JG/T 207—2007	钢塑共挤门窗		石家庄宝石众和钢塑门窗型材有限公司
90	JG/T 208—2007	门、窗用钢塑共挤微发泡型材		石家庄宝石众和钢塑门窗型材有限公司
91	JG/T 209—2012	建筑消能阻尼器	JG/T 209—2007	东南大学
92	JG/T 210—2018	建筑内外墙用底漆	JG/T 210—2007	中国建筑科学研究院
93	JG/T 211—2007	建筑外窗气密、水密、抗风压性能现场检测方法		中国建筑科学研究院

序号	标准编号	标准名称	被代替标准号	主编单位
94	JG/T 213—2017	建筑门窗五金件　旋压执手	JG/T 213—2007	中国建筑金属结构协会建筑门窗配套件委员会
95	JG/T 214—2017	建筑门窗五金件　插销	JG/T 214—2007	中国建筑金属结构协会建筑门窗配套件委员会
96	JG/T 215—2017	建筑门窗五金件　多点锁闭器	JG/T 215—2007	中国建筑金属结构协会建筑门窗配套件委员会
97	JG/T 216—2007	小单元建筑幕墙		中山盛兴股份有限公司
98	JG/T 217—2007	建筑幕墙用瓷板		佛山市高明区加泰科技实业有限公司
99	JG/T 219—2017	住宅厨房家具及厨房设备模数系列	JG/T 219—2007	住房和城乡建设部政策研究中心住宅厨房卫生间技术研究所
100	JG/T 220—2016	铜铝复合柱翼型散热器	JG 220—2007	中国建筑金属结构协会采暖散热器委员会
101	JG/T 221—2016	铜管对流散热器	JG 221—2007	中国建筑金属结构协会采暖散热器委员会
102	JG/T 222—2007	实验室变风量排风柜		同济大学
103	JG/T 223—2017	聚羧酸系高性能减水剂	JG/T 223—2007	中国建筑科学研究院
104	JG/T 224—2007	建筑用钢结构防腐涂料		北京市建筑材料科学研究院
105	JG/T 225—2007	预应力混凝土用金属波纹管	JG/T 3013—1994 JG 225—2007	中国建筑科学研究院
106	JG/T 227—2016	车库门电动开门机	JG/T 227—2007	中国建筑金属结构协会
107	JG/T 228—2015	建筑用混凝土复合聚苯板外墙外保温材料	JG/T 228—2007	北京振利节能环保科技股份有限公司
108	JG/T 231—2018	建筑玻璃采光顶	JG/T 231—2007	中国建筑标准设计研究院
109	JG/T 232—2008	卫浴型采暖散热器	JG 232—2008	中国建筑科学研究院
110	JG/T 233—2017	建筑门窗用通风器	JG/T 233—2008	中国建筑金属结构协会建筑门窗配套件委员会
111	JG/T 234—2008	建筑装饰用搪瓷钢板		浙江开尔实业有限公司
112	JG/T 235—2014	建筑反射隔热涂料	JG/T 235—2008	深圳市嘉达高科产业发展有限公司
113	JG/T 236—2008	电采暖散热器		中国建筑科学研究院
114	JG/T 237—2008	混凝土试模	JG 237—2008	中国建筑科学研究院
115	JG/T 238—2008	混凝土标准养护箱	JG 238—2008	中国建筑科学研究院
116	JG/T 239—2009	建筑外遮阳产品抗风性能试验方法		上海市建筑科学研究院（集团）有限公司
117	JG/T 240—2009	建筑遮阳篷耐积水荷载性能试验方法		上海市建筑科学研究院（集团）有限公司
118	JG/T 241—2009	建筑遮阳产品机械耐久性能试验方法		上海市建筑科学研究院（集团）有限公司
119	JG/T 242—2009	建筑遮阳产品操作力试验方法		上海市建筑科学研究院（集团）有限公司

序号	标准编号	标准名称	被代替标准号	主编单位
120	JG/T 243—2009	混凝土抗冻试验设备		中国建筑科学研究院
121	JG/T 244—2009	混凝土试验用搅拌机	JG 244—2009	中国建筑科学研究院
122	JG/T 245—2009	混凝土试验用振动台		中国建筑科学研究院
123	JG/T 246—2009	混凝土含气量测定仪		中国建筑科学研究院
124	JG/T 247—2009	混凝土碳化试验箱		中国建筑科学研究院
125	JG/T 248—2009	混凝土坍落度仪		中国建筑科学研究院
126	JG/T 249—2009	混凝土抗渗仪		中国建筑科学研究院
127	JG/T 250—2009	维勃稠度仪		中国建筑科学研究院
128	JG/T 251—2017	建筑用遮阳金属百叶帘	JG/T 251—2009	中国建筑材料科学研究院
129	JG/T 252—2015	建筑用遮阳天篷帘	JG/T 252—2009	上海市装饰装修行业协会
130	JG/T 253—2015	建筑用曲臂遮阳篷	JG/T 253—2009	上海市装饰装修行业协会
131	JG/T 254—2015	建筑用遮阳软卷帘	JG/T 254—2009	上海市装饰装修行业协会
132	JG/T 255—2009	内置遮阳中空玻璃制品		中国建筑科学研究院
133	JG/T 256—2009	未增塑聚氯乙烯塑料栅栏		中国建筑金属结构协会塑料门窗委员会
134	JG/T 257—2009	医用推拉式自动门		宁波欧尼克自动门有限公司
135	JG/T 258—2018	非金属及复合风管	JG/T 258—2009	中国建筑科学研究院
136	JG/T 259—2009	射流诱导机组		中国建筑科学研究院
137	JG/T 260—2009	建筑幕墙用高压热固化木纤维板		河南省建筑科学研究院
138	JG/T 261—2009	混凝土氯离子电通量测定仪		中国建筑科学研究院
139	JG/T 262—2009	混凝土氯离子扩散系数（RMC）测定仪		中国建筑科学研究院
140	JG/T 263—2010	建筑门窗用未增塑聚氯乙烯彩色型材		中国建筑金属结构协会塑料门窗委员会
141	JG/T 264—2009	混凝土裂缝修复灌浆树脂		中冶集团建筑研究总院
142	JG/T 265—2009	黄河淤泥多孔砖		郑州大学
143	JG/T 266—2011	泡沫混凝土		中国建筑科学研究院
144	JG/T 267—2009	建筑陶瓷砖模数		住房和城乡建设部政策研究中心
145	JG/T 268—2009	建筑用闭门器		东莞市坚朗五金制品有限公司
146	JG/T 269—2009	建筑工程红外热像检测方法		上海市建筑科学研究院（集团）有限公司
147	JG/T 270—2010	工业构筑物水泥基耐磨材料		中冶集团建筑研究总院
148	JG/T 271—2010	粘结加固用建筑结构胶		中冶集团建筑研究总院
149	JG/T 272—2010	预制高强混凝土薄壁钢管桩		嘉兴学院管桩应用技术研究所

序号	标准编号	标准名称	被代替标准号	主编单位
150	JG/T 274—2018	建筑遮阳通用技术要求	JG/T 274—2010	上海市建筑科学研究院（集团）有限公司
151	JG/T 275—2010	建筑遮阳产品误操作试验方法		北京中建建筑科学研究院有限公司
152	JG/T 276—2010	建筑遮阳产品电力驱动装置技术要求		北京中建建筑科学研究院有限公司
153	JG/T 277—2010	建筑遮阳热舒适、视觉舒适性能与分级		北京中建建筑科学研究院有限公司
154	JG/T 278—2010	建筑遮阳产品用电机		上海青鹰实业股份有限公司
155	JG/T 279—2010	建筑遮阳产品声学性能测量		同济大学
156	JG/T 280—2010	建筑遮阳产品遮光性能试验方法		同济大学
157	JG/T 281—2010	建筑遮阳产品隔热性能试验方法		同济大学
158	JG/T 282—2010	遮阳百叶窗气密性试验方法		北京中建建筑科学研究院有限公司
159	JG/T 283—2010	膨胀玻化微珠轻质砂浆		中国建筑材料检验认证中心
160	JG/T 284—2010	结构加固修复用玻璃纤维布		中冶集团建筑研究总院
161	JG/T 285—2010	坐便洁身器		住房和城乡建设部政策研究中心厨房卫生间研究所
162	JG/T 286—2010	低温辐射电热膜		中住房和城乡建设部政策研究中心厨房卫生间研究所国房地产及住宅研究会
163	JG/T 287—2013	保温装饰板外墙外保温系统材料		中国建筑材料检验认证中心
164	JG/T 288—2013	建筑钢结构十字接头试验方法		江苏沪宁钢机股份有限公司
165	JG/T 289—2010	混凝土结构加固用聚合物砂浆		中国建筑科学研究院
166	JG/T 290—2010	建筑疏散用门开门推杠装置		中国建筑金属结构协会建筑门窗配套件委员会
167	JG/T 291—2011	建筑用砌筑和抹灰干泥沙浆		北京市建筑材料质量监督检验站
168	JG/T 292—2010	洁净工作台		中国建筑科学研究院
169	JG/T 293—2010	压铸铝合金散热器	JG 293—2010	中国建筑金属结构协会采暖散热器委员会
170	JG/T 294—2010	空气净化器污染物净化性能测定		中国建筑科学研究院
171	JG/T 295—2010	空调变风量末端装置		中国建筑科学研究院
172	JG/T 296—2010	空气吹淋室		中国建筑科学研究院

序号	标准编号	标准名称	被代替标准号	主编单位
173	JG/T 298—2010	建筑室内用腻子	JG/T 3049—1998	中国建筑科学研究院
174	JG/T 299—2010	供冷供热用蓄能设备技术条件		中国建筑科学研究院
175	JG/T 300—2011	建筑结构用铸钢管		中国建筑金属结构协会房屋建筑钢结构分会
176	JG/T 301—2011	机制玻镁复合板与风管		浙江天仁风管有限公司
177	JG/T 302—2011	卷帘门窗	JG/T 3039—1997	大连舒心门业有限公司
178	JG/T 303—2011	木复合门		住房和城乡建设部科技发展促进中心
179	JG/T 304—2011	建筑用防涂鸦抗粘贴涂料		中国建筑材料检验认证中心
180	JG/T 305—2011	人行自动门安全要求	JG 305—2011	北京宝盾门业技术有限公司
181	JG/T 306—2011	彩钢整版卷门		苏州恒富门业有限公司
182	JG/T 307—2011	建筑用自动控制排烟侧窗		长春阔尔科技股份有限公司
183	JG/T 308—2011	建筑门用提升推拉五金系统		中国建筑金属结构协会建筑门窗配套件委员会
184	JG/T 309—2011	外墙涂料水蒸气透过率的测定及分级		上海市建筑科学研究院（集团）有限公司
185	JG/T 310—2011	人行自动门用传感器		中国建筑标准设计研究院
186	JG/T 311—2011	柔性饰面砖		中国建筑材料检验认证中心
187	JG/T 312—2011	遇水膨胀止水胶		中国建筑材料检验认证中心
188	JG/T 313—2014	额定电压 0.6/1kV 及以下金属护套无机矿物绝缘电缆及终端	JG/T 313—2011	上海胜武电缆有限公司
189	JG/T 314—2011	聚氨酯硬泡复合保温板		中国建筑科学研究院
190	JG/T 315—2011	水泥砂浆和混凝土用天然火山灰质材料		中国建筑科学研究院
191	JG/T 316—2011	建筑防水维修用快速堵漏材料技术条件		中国建筑科学研究院
192	JG/T 317—2011	混凝土用粒化电炉磷渣粉		中国建筑科学研究院
193	JG/T 319—2011	预应力用电动油泵	JG/T 5029—1993	中国建筑科学研究院
194	JG/T 320—2011	预应力筋用液压镦头器	JG/T 5030—1993	中国建筑科学研究院
195	JG/T 321—2011	预应力用液压千斤顶	JG/T 5028—1993	中国建筑科学研究院
196	JG/T 322—2011	预应力筋用挤压机		中国建筑科学研究院
197	JG/T 323—2011	预应力钢绞线用轧花机		中国建筑科学研究院
198	JG/T 324—2011	建筑幕墙用陶板		广东省建筑科学研究院
199	JG/T 325—2011	工业滑升门开门机		浙江先锋机械有限公司
200	JG/T 326—2011	平开玻璃门用五金件		中国建筑金属结构协会建筑门窗配套件委员会

序号	标准编号	标准名称	被代替标准号	主编单位
201	JG/T 327—2011	植物纤维工业灰渣增强砌块		国家住宅与居住环境工程技术研究中心
202	JG/T 328—2011	建筑装饰用石材蜂窝复合板		深圳市新山幕墙技术咨询有限公司
203	JG/T 329—2011	混凝土热物理参数测定仪		中国建筑科学研究院
204	JG/T 330—2011	建筑工程用索		建研科技股份有限公司
205	JG/T 331—2011	建筑幕墙用氟碳铝单板制品		中国建筑材料科学研究总院
206	JG/T 332—2011	流量温度法热分配装置技术条件		北京众力德邦智能机电科技有限公司
207	JG/T 333—2011	混凝土裂缝修补灌浆材料技术条件		中国建筑科学研究院
208	JG/T 334—2011	建筑外墙用铝蜂窝复合板		国家建筑材料测试中心
209	JG/T 335—2011	混凝土结构防护用成膜型涂料		中冶建筑研究总院有限公司
210	JG/T 336—2011	混凝土结构修复用聚合物水泥砂浆		中冶建筑研究总院有限公司
211	JG/T 337—2011	混凝土结构防护用渗透型涂料		中冶建筑研究总院有限公司
212	JG/T 338—2011	建筑玻璃用隔热涂料		深圳市嘉达高科产业发展有限公司
213	JG/T 339—2011	建筑用钛锌合金饰面复合板		国家建筑材料测试中心
214	JG/T 340—2011	混凝土结构工程用锚固胶		山东省建筑科学研究院
215	JG/T 341—2011	建筑用纱门窗		中国建筑金属结构协会
216	JG/T 342—2012	建筑用玻璃与金属护栏		广东坚朗五金制品股份有限公司
217	JG/T 343—2011	外墙涂料吸水性的分级与测定		上海市建筑科学研究院（集团）有限公司
218	JG/T 344—2011	建筑工程室内环境测试舱		河南省建筑科学研究院有限公司
219	JG/T 345—2011	建筑工程室内环境现场检测仪器		河南省建筑科学研究院有限公司
220	JG/T 346—2011	合成树脂装饰瓦		山东方兴建筑材料有限公司
221	JG/T 347—2012	聚碳酸酯（PC）实心板		国家化学建筑材料测试中心（材料测试部）
222	JG/T 348—2011	纤维增强混凝土装饰墙板		国家住宅与居住环境工程技术研究中心
223	JG/T 349—2011	硅改性丙烯酸渗透性防水涂料		深圳市嘉达产业控股有限公司

序号	标准编号	标准名称	被代替标准号	主编单位
224	JG/T 350—2011	混凝土轻质条板	JG/T 3063—1999	国家住宅与居住环境工程技术研究中心
225	JG/T 351—2012	纤维增强复合材料筋		中冶建筑研究总院有限公司
226	JG/T 352—2017	混凝土结构用成孔芯模	JG/T 352—2012	长沙巨星轻质建材股份有限公司
227	JG/T 353—2012	工业滑升门		辽宁圣维机电科技股份有限公司
228	JG/T 354—2012	建筑门窗及幕墙用玻璃术语		中国建筑材料检验认证中心
229	JG/T 355—2012	天然石材用水泥基胶粘剂		中国建筑材料检验认证中心
230	JG/T 356—2012	建筑遮阳热舒适、视觉舒适性能检测方法		北京中建建筑科学研究院有限公司
231	JG/T 357—2012	水泥木丝板		中国建筑科学研究院
232	JG/T 358—2012	建筑能耗数据分类及表示方法		清华大学建筑学院
233	JG/T 359—2012	建筑用泡沫铝板		国家建筑材料测试中心
234	JG/T 360—2012	金属装饰保温板		国家建筑材料测试中心
235	JG/T 361—2012	中央空调在线物理清洗设备		深圳市鹏瑞能源技术有限公司
236	JG/T 362—2012	温度法热计量分摊装置		哈尔滨工业大学
237	JG/T 363—2012	闭口型压型金属板		中冶建筑研究总院有限公司
238	JG/T 364—2012	纤维增强复合材料格栅		中冶建筑研究总院有限公司
239	JG/T 365—2012	结构加固用玄武岩纤维片材		中冶建筑研究总院有限公司
240	JG/T 366—2012	外墙保温用锚栓		中国建筑标准设计研究院
241	JG/T 368—2012	钢筋桁架楼承板		中冶建筑研究总院有限公司
242	JG/T 369—2012	缓凝结预应力钢绞线		中国京冶工程技术有限公司
243	JG/T 370—2012	缓凝结预应力钢绞线专用粘合剂		中国京冶工程技术有限公司
244	JG/T 371—2012	集中式蓄电池应急电源装置		中国建筑标准设计研究院
245	JG/T 372—2012	建筑变形缝装置		苏州海德工程材料科技有限公司
246	JG/T 373—2012	塑铝贴面板		中国建筑材料检验认证中心
247	JG/T 374—2012	建筑用开窗机		长春阔尔科技股份有限公司
248	JG/T 375—2012	金属屋面丙烯酸高弹防水涂料		北京世纪金博丽化工科技有限公司
249	JG/T 376—2012	砂基透水砖		北京仁创科技集团有限公司
250	JG/T 377—2012	混凝土防冻泵送剂		山东省建筑科学研究院

序号	标准编号	标准名称	被代替标准号	主编单位
251	JG/T 378—2012	冷轧高强度建筑结构用薄钢板		中国建筑标准设计研究院
252	JG/T 379—2012	通断时间面积法热计量装置技术条件		中国建筑科学研究院
253	JG/T 380—2012	建筑结构用冷弯薄壁型钢		中国京冶工程技术有限公司
254	JG/T 381—2012	建筑结构用冷成型焊接圆钢管		中冶建筑研究总院有限公司
255	JG/T 382—2012	传递窗		中国建筑科学研究院
256	JG/T 383—2012	采暖空调用自力式压差控制阀		中国建筑科学研究院
257	JG/T 384—2012	门窗幕墙用纳米涂膜隔热玻璃		深圳市嘉达高科产业发展有限公司
258	JG/T 385—2012	无风管自净型排风柜		同济大学
259	JG/T 386—2012	建筑门窗复合密封条		中国建筑金属结构协会建筑门窗配套件委员会
260	JG/T 387—2012	环氧涂层预应力钢绞线		同济大学
261	JG/T 388—2012	风机过滤器机组		中国建筑科学研究院
262	JG/T 389—2012	建筑用钢质拉杆构件		广东坚朗五金制品股份有限公司
263	JG/T 390—2012	空调冷凝热回收设备		湖南大学
264	JG/T 391—2012	通风器	JG/T 3011—1994	中国建筑科学研究院
265	JG/T 392—2012	建筑用钢木室内门		中华全国工商业联家会家具装饰业商会
266	JG/T 393—2012	建筑门窗五金件 双面执手		中国建筑金属结构协会
267	JG/T 394—2012	建筑智能门锁通用技术要求		广东坚朗五金制品股份有限公司
268	JG/T 395—2012	建筑用膜材料制品		中国建筑标准设计研究院
269	JG/T 396—2012	外墙用非承重纤维增强水泥板		中国建筑标准设计研究所
270	JG/T 397—2012	建筑幕墙热循环试验方法		上海市建筑科学研究院（集团）有限公司
271	JG/T 398—2012	钢筋连接用灌浆套筒		中国建筑科学研究院
272	JG/T 399—2012	建筑遮阳产品术语		上海市建筑科学研究院（集团）有限公司
273	JG/T 400—2012	通风空调系统清洗服务标准		中国建筑科学研究院
274	JG/T 401—2013	空气源三联供机组		北京威派格科技发展有限公司
275	JG/T 402—2013	热反射金属屋面板		武汉朗肯节能技术有限公司
276	JG/T 403—2013	辐射供冷及供暖装置热性能测试方法		中国建筑科学研究院

序号	标准编号	标准名称	被代替标准号	主编单位
277	JG/T 404—2013	空气过滤器用滤料		中国建筑科学研究院
278	JG/T 405—2013	住宅内用成品楼梯		国家建筑材料测试中心
279	JG/T 406—2013	土木工程用玻璃纤维增强筋		深圳市海川实业股份有限公司
280	JG/T 407—2013	自保温混凝土复合砌块		福建省建筑科学研究院
281	JG/T 408—2013	钢筋连接用套筒灌浆料		北京榆构有限公司
282	JG/T 409—2013	供冷供暖用辐射板换热器		朗诗集团股份有限公司
283	JG/T 410—2013	飞机库门		江苏金秋竹集团有限公司
284	JG/T 411—2013	电动卷门开门机		漳州市杰龙机电有限公司
285	JG/T 412—2013	建筑遮阳产品耐雪荷载性能检测方法		北京中建建筑科学研究院有限公司
286	JG/T 413—2013	建筑用集成吊顶		浙江友邦集成吊顶股份有限公司
287	JG/T 414—2013	建筑用菱镁装饰板		中国菱镁行业协会
288	JG/T 415—2013	建筑防火涂料有害物质限量及检测方法		中国建筑科学研究院
289	JG/T 416—2013	建筑用铝合金遮阳板		中国建材检验认证集团股份有限公司
290	JG/T 417—2013	建筑电气用并联有源电力滤波补偿装置		上海追日电气有限公司
291	JG/T 418—2013	塑料模板		中国模板脚手架协会
292	JG/T 419—2014	免漆饰面门		山西孟氏实业有限公司
293	JG/T 420—2013	硬泡聚氨酯板薄抹灰外墙外保温系统材料		中国建筑标准设计研究总院
294	JG/T 421—2013	土木工程用光纤光栅温度传感器		深圳市海川实业股份有限公司
295	JG/T 422—2013	土木工程用光纤光栅应变传感器		深圳市海川实业股份有限公司
296	JG/T 423—2013	遮阳用膜结构织物		上海市装饰装修行业协会
297	JG/T 424—2013	建筑遮阳用织物通用技术要求		上海市装饰装修行业协会
298	JG/T 425—2013	建筑施工用木工字梁		中国模板协会
299	JG/T 426—2013	抹灰砂浆增塑剂		山东省建筑科学研究院
300	JG/T 427—2013	住宅卫浴五金配件通用技术要求		广东坚朗五金制品股份有限公司
301	JG/T 428—2014	钢框组合竹胶合板模板	JG/T 3059—1999	中国建筑科学研究院
302	JG/T 429—2014	外墙外保温系统耐候性试验方法		中国建筑科学研究院
303	JG/T 430—2014	无粘结预应力筋用防腐润滑脂	JG/T 3007—1993	中国建筑科学研究院

序号	标准编号	标准名称	被代替标准号	主编单位
304	JG/T 431—2014	圆形新风空调机组		江苏风神空调集团股份有限公司
305	JG/T 432—2014	建筑结构保温复合板		住房和城乡建设部住宅产业化促进中心
306	JG/T 433—2014	建筑幕墙用平推窗滑撑		广东坚朗五金制品股份有限公司
307	JG/T 434—2014	木结构防护木蜡油		木材节约发展中心
308	JG/T 435—2014	无机轻集料防火保温板通用技术要求		宁波荣山新型材料有限公司
309	JG/T 436—2014	建筑通风风量调节阀		中国建筑科学研究院
310	JG/T 437—2014	建筑门窗用铝塑共挤型材		北京中联建诚建材有限公司
311	JG/T 438—2014	建筑用真空绝热板		青岛科瑞新型环保材料有限公司 中国建筑科学研究院
312	JG/T 439—2014	家居配线箱		南京普天天纪楼宇智能有限公司
313	JG/T 440—2014	建筑门窗遮阳性能检测方法		广东省建筑科学研究院 中国建筑科学研究院
314	JG/T 441—2014	建筑用450V/750V及其以下双层共挤绝缘辐照交联无卤低烟阻燃电线		山东华凌电缆有限公司
315	JG/T 442—2014	建筑用0.6/1kV双层共挤绝缘辐照交联无卤低烟阻燃电力电缆		山东华凌电缆有限公司
316	JG/T 443—2014	建筑遮阳硬卷帘		上海建筑科学研究院（集团）有限公司 中国建材检验认证集团股份有限公司
317	JG/T 444—2014	建筑无机仿砖涂料		上海墙特节能材料有限公司
318	JG/T 445—2014	无机干粉建筑涂料		上海墙特节能材料有限公司
319	JG/T 446—2014	建筑用蓄光型发光涂料		中国建材检验认证集团股份有限公司
320	JG/T 447—2014	模块式空调机房设备		上海意利法暖通科技有限公司
321	JG/T 448—2014	既有采暖居住建筑节能改造能效测评方法		北京住总集团有限责任公司
322	JG/T 449—2014	建筑光伏组件用聚乙烯醇缩丁醛（PVB）胶膜		中国建材检验认证集团股份有限公司
323	JG/T 450—2014	建筑光伏组件用乙烯-醋酸乙烯共聚物（EVA）胶膜		中国建材检验认证集团股份有限公司
324	JG/T 451—2014	建筑塑料门窗型材用未增塑聚氯乙烯共混料		中国建筑金属结构协会

序号	标准编号	标准名称	被代替标准号	主编单位
325	JG/T 452—2014	车辆出入口栏杆机		红门智能科技股份有限公司
326	JG/T 453—2014	平开户门	JG/T 3054—1999	中国建筑金属结构协
327	JG/T 454—2014	建筑门窗、幕墙中空玻璃性能现场检测方法		中国建材检验认证集团股份有限公司
328	JG/T 455—2014	建筑门窗幕墙用钢化玻璃		中国硅酸盐学会
329	JG/T 456—2014	同质聚氯乙烯（PVC）卷材地板		中国建筑标准设计研究院
330	JG/T 457—2014	建筑用T型门		中国建筑装饰装修材料协会
331	JG/T 458—2014	建筑门窗自动控制系统通用技术要求		长春阔尔科技股份有限公司
332	JG/T 459—2014	排烟天窗五金配件		长春阔尔科技股份有限公司
333	JG/T 460—2014	排烟天窗节能型材技术条件		长春阔尔科技股份有限公司
334	JG/T 461—2014	倒T形预应力叠合模板		湖南华廷筑邦住宅工业有限公司
335	JG/T 462—2014	平开门和推拉门电动开门机	JG/T 3052—1998	浙江先锋机械有限公司
336	JG/T 463—2014	建筑装饰用人造石英石板		国家建筑材料测试中心
337	JG/T 464—2014	集成材木门窗		北京米兰之窗门窗有限公司
338	JG/T 465—2014	建筑光伏夹层玻璃用封边保护剂		中国建筑金属结构协会
339	JG/T 466—2015	建筑光伏系统、无逆流并网逆变装置		西东控制集团（沈阳）有限公司
340	JG/T 467—2014	建筑室内用发光二极管（LED）照明灯具		宁波赛尔富电子有限公司
341	JG/T 468—2015	墙体用界面处理剂		中国建材检验认证股份有限公司
342	JG/T 469—2015	泡沫玻璃外墙外保温系统材料技术要求		上海市建筑科学研究院（集团）有限公司
343	JG/T 470—2015	菱镁防火门芯板		中国菱镁行业协会
344	JG/T 471—2015	建筑门窗幕墙用中空玻璃弹性密封胶		郑州中原应用技术研究开发有限公司
345	JG/T 472—2015	钢纤维混凝土	JG/T 3064—1999	郑州大学
346	JG/T 473—2016	护栏锚固试验方法		广东坚朗五金制品股份有限公司
347	JG/T 474—2016	江南水乡（镇）建筑色谱		上海市青浦区规划和土地管理局
348	JG/T 475—2015	建筑幕墙用硅酮结构密封胶		中国建筑防水协会

序号	标准编号	标准名称	被代替标准号	主编单位
349	JG/T 476—2016	建筑用组装式桁架及支撑		山东德建集团有限公司
350	JG/T 477—2015	混凝土塑性阶段水分蒸发抑制剂		江苏省建筑科学研究院有限公司
351	JG/T 478—2015	建筑用穿墙防水对拉螺栓套具		西安市广天建材节能技术开发有限公司
352	JG/T 479—2015	建筑遮阳产品抗冲击性能试验方法		北京中建建筑科学研究院有限公司
353	JG/T 480—2015	外墙保温复合板通用技术要求		中国建筑标准设计研究院
354	JG/T 481—2015	低挥发性有机化合物（VOC）水性内墙涂覆材料		上海市建筑科学研究院（集团）有限公司
355	JG/T 482—2015	建筑用高温硫化硅橡胶密封件		浙江凌志精细化工有限公司
356	JG/T 483—2015	岩棉薄抹灰外墙外保温系统材料		中国建筑标准设计研究院有限公司
357	JG/T 484—2015	室内外陶瓷墙地砖通用技术要求		中国建筑标准设计研究院
358	JG/T 485—2015	外墙涂料二氧化碳渗透率的测定方法		上海市建筑科学研究院（集团）有限公司
359	JG/T 486—2015	混凝土用复合掺合料		中国建筑科学研究院
360	JG/T 487—2016	可拆装式隔断墙技术要求		中国建筑标准设计研究院有限公司
361	JG/T 488—2015	建筑用高温硫化硅橡胶密封件		浙江凌志精细化工有限公司 中国建筑科学研究院
362	JG/T 489—2015	防腐木结构用金属连接件		木材节约发展中心
363	JG/T 490—2016	太阳能光伏系统支架通用技术要求		中国建筑设计研究院
364	JG/T 491—2016	建筑用网格式金属电缆桥架		无锡 TCL 罗格朗低压电器有限公司
365	JG/T 492—2016	建筑用光伏构件通用技术要求		中国建筑设计研究院
366	JG/T 493—2016	民用建筑光热构件		中国建筑设计研究院
367	JG/T 494—2016	建筑及市政工程用净化海沙		中国建材检验认证集团股份有限公司
368	JG/T 495—2016	钢门窗粉末静电喷涂涂层技术条件	JG/T 3045.2—1998	浙江省建筑科学设计研究院有限公司
369	JG/T 496—2016	铝合金门窗型材粉末静电喷涂涂层技术条件	JG/T 3045.1—1998	浙江省建筑科学设计研究院有限公司
370	JG/T 497—2016	排风高效过滤装置		中国建筑科学研究院

序号	标准编号	标准名称	被代替标准号	主编单位
371	JG/T 498—2016	建筑室内空气污染简便取样仪器检测方法		河南省建筑科学研究院有限公司
372	JG/T 499—2016	建筑用遮阳非金属百叶帘		上海市建筑科学研究院（集团）有限公司
373	JG/T 500—2016	建筑一体化遮阳窗		上海市建筑科学研究院（集团）有限公司
374	JG/T 501—2016	建筑构件连接处防水密封膏		北京建筑材料检验研究院有限公司
375	JG/T 502—2016	环氧树脂涂层钢筋	JG 3042—1997	中国建筑科学研究院
376	JG/T 503—2016	承插型盘扣式钢管支架构件		无锡速捷脚手架工程有限公司
377	JG/T 504—2016	陶粒加气混凝土砌块		浙江省建筑科学设计研究院有限公司
378	JG/T 505—2016	建筑垃圾再生骨料实心砖		北京建筑大学
379	JG/T 506—2016	尾砂微晶发泡板材及砌块		北京惠尔久材料科技有限公司
380	JG/T 507—2016	数显式粘结强度检测仪	JG 3056—1999	河南省建筑科学研究院有限公司
381	JG/T 508—2016	外墙水性氟涂料		上海市建筑科学研究院（集团）有限公司
382	JG/T 509—2016	建筑装饰用无纺墙纸		住房和城乡建设部住宅产业化促进中心
383	JG/T 510—2016	纺织面墙纸（布）		中国建筑装饰装修材料协会
384	JG/T 511—2017	建筑用发泡陶瓷保温板		中国建筑材料检验认证中心有限公司
385	JG/T 512—2017	建筑外墙涂料通用技术要求		中国建筑标准设计研究院有限公司
386	JG/T 513—2017	钢边框保温隔热轻型板		四川东大板业有限公司
387	JG/T 514—2017	建筑用金属单元门		中国建筑装饰装修材料协会
388	JG/T 515—2017	酚醛泡沫板薄抹灰外墙外保温系统材料		山东圣泉化工股份有限公司
389	JG/T 516—2017	建筑装饰用彩钢板		江阴市中江彩板有限公司
390	JG/T 517—2017	工程用中空玻璃微珠保温隔热材料		北京恒固防腐工程有限公司
391	JG/T 518—2017	基桩动测仪	JG/T 3055—1999	中国建筑科学研究院
392	JG/T 519—2018	建筑用热流计	JG/T 3016—1994	中国建筑科学研究院
393	JG/T 520—2018	挤压成型混凝土抗压强度试验方法	JG/T 5020.1—1992 JG/T 5020.2—1992 JG/T 3023—1995	河南省建筑科学研究院有限公司
394	JG/T 521—2017	轻质砂浆		中国建筑装饰协会

序号	标准编号	标准名称	被代替标准号	主编单位
395	JG/T 522—2017	铝合金模板		中国建筑金属结构协会
396	JG/T 523—2017	钢模板清理机	JG/T 5020.1—1992 JG/T 5020.2—1992	中国建筑科学研究院
397	JG/T 524—2017	高压无气喷涂机	JG/T 5018—1992	中国建筑科学研究院
398	JG/T 525—2017	混凝土真空脱水装置	JG/T 5060.1—1995 JG/T 5060.2—1995	中国建筑科学研究院
399	JG/T 526—2017	建筑电气用可弯曲金属导管	JG/T 3053—1998	广东一通管业科技有限公司
400	JG/T 527—2017	木制品甲醛和挥发性有机物释放率测试方法——大型测试舱法		上海市建筑科学研究院（集团）有限公司
401	JG/T 528—2017	建筑装饰装修材料挥发性有机物释放率测试方法——测试舱法		上海市建筑科学研究院（集团）有限公司、上海建科检验有限公司
402	JG/T 529—2018	空调末端冷热水分配及柔性多联装置		上海意利法暖通科技有限公司
403	JG/T 530—2017	导光管采光装置		中国建筑标准设计研究院
404	JG/T 531—2017	市政工程及建筑用石英塑复合板材		住房和城乡建设部住宅产业化促进中心
405	JG/T 532—2018	建筑用表面玻璃化膨胀珍珠岩保温板		中国建筑材料科学研究总院
406	JG/T 533—2018	厨卫装配式墙板技术要求		北京雅之和工程咨询有限公司
407	JG/T 534—2018	建筑用相变材料热可靠性测试方法		西南交通大学
408	JG/T 535—2017	建筑用柔性薄膜光伏组件		汉能控股集团有限公司
409	JG/T 536—2017	热固复合聚苯乙烯泡沫保温板		中国建筑科学研究院
410	JG/T 537—2018	建筑及园林景观工程用复合竹材		中国木材保护工业协会
411	JG/T 538—2018	建筑用碳纤维发热线		中国建筑标准设计研究院
412	JG/T 539—2017	建筑用不锈钢焊接管材	JG/T 3030—1995	中国建筑金属结构协会
413	JG/T 540—2017	建筑用柔性仿石饰面材料		东营瑞源特种建筑材料有限公司
414	JG/T 541—2017	建筑隔震柔性管道		中国建筑标准设计研究院
415	JG/T 542—2018	建筑室内装修用环氧接缝胶		福建省建筑科学研究院
416	JG/T 543—2018	铝塑共挤门窗		广东省建筑科学研究院
417	JG/T 544—2018	轻钢龙骨式复合墙体		同济大学
418	JG/T 545—2018	卫生间隔断构件		中国建筑标准设计研究院

序号	标准编号	标准名称	被代替标准号	主编单位
419	JG/T 547—2018	风光互补路灯装置		北京中科环协节能环保科技发展中心
420	JG/T 548—2018	厚壁取土器	JG/T 5061.1—1995	建设综合勘察研究设计院有限公司
421	JG/T 549—2018	敞口薄壁取土器	JG/T 5061.2—1995	建设综合勘察研究设计院有限公司
422	JG/T 550—2018	自由活塞薄壁取土器	JG/T 5061.3—1995	建设综合勘察研究设计院有限公司
423	JG/T 551—2018	固定活塞薄壁取土器	JG/T 5061.4—1995	建设综合勘察研究设计院有限公司
424	JG/T 552—2018	水压固定活塞取土器	JG/T 5061.5—1995	建设综合勘察研究设计院有限公司
425	JG/T 553—2018	束节式取土器	JG/T 5061.6—1995	建设综合勘察研究设计院有限公司
426	JG/T 554—2018	黄土取土器	JG/T 5061.7—1995	建设综合勘察研究设计院有限公司
427	JG/T 555—2018	三重管单动回转取土器	JG/T 5061.8—1995	建设综合勘察研究设计院有限公司
428	JG/T 556—2018	三重管双动回转取土器	JG/T 5061.9—1995	建设综合勘察研究设计院有限公司
429	JG/T 557—2018	内置环刀取土器	JG/T 5061.10—1996	长江岩土工程总公司（武汉）
430	JG/T 558—2018	楼梯栏杆及扶手	JG/T 3002.3—1992	中国建筑标准设计研究院
431	JG/T 559—2018	建筑用免烧釉面装饰板		深圳市爱思宝科技发展有限公司
432	JG/T 562—2018	预制混凝土楼梯	JG 3002.1—1992 JG 3002.2—1992	中国建筑标准设计研究院
433	JG/T 564—2018	建筑用陶瓷纤维防火板		山东鲁阳股份有限公司、中国建筑材料科学研究
434	JG/T 565—2018	工厂预制混凝土构件质量管理标准		山东省建筑科学研究院
435	JG/T 566—2018	混凝土和砂浆用天然沸石粉	JG/T 3048—1998	中国建筑科学研究院
436	JG/T 3004.1—1993	上悬钢天窗		中国建筑金属结构协会
437	JG/T 3010.1—1994	隔膜式气压给水设备		北京建筑设计院等
438	JG/T 3010.2—1994	补气式气压给水设备		核工业部二院
439	JG/T 3012.2—1998	采暖散热器——钢制翅片管散热器		中国建筑金属结构协会、哈尔滨建筑大学
440	JG/T 3022—1995	钢板胶合板模板		中国建筑标准设计研究院
441	JG/T 3024—1995	建筑用阻尼弹簧隔振器		上海淀山湖振动噪声设计研究所等
442	JG/T 3027—1995	混凝土加速养护箱		江苏省建科院等

序号	标准编号	标准名称	被代替标准号	主编单位
443	JG/T 3028—1995	住宅厨房排烟道		沈阳建工学院、住房和城乡建设部住宅所
444	JG/T 3032—1995	预制混凝土构件钢模板		北京建工院等
445	JG/T 3033—1996	试验用砂浆搅拌机		陕西建科院 宁波建材仪厂 无锡建材仪厂
446	JG/T 3040.1—1997	大便器冲洗装置——液压式水箱配件		江苏省邗江蓝天节能阀门厂
447	JG/T 3040.2—1997	大便器冲洗装置——液压缓闭式冲洗阀		江苏省邗江蓝天节能阀门厂
448	JG/T 3041—1997	平开、推拉彩色涂层钢板门窗		中国建筑金属结构协会
449	JG/T 3047—1998	采暖散热器——灰铸铁柱翼型散热器		中国建筑金属结构协会 山东省建筑设计研究院
450	JG/T 3050—1998	建筑用绝缘电工套管及配件	JG 3050—1998	中国建筑科学研究院
451	JG/T 3058—1999	钢筋冷轧扭机组		深圳市升平科技有限公司 嘉兴振华机械制造公司
452	JG/T 3060—1999	组合钢模板		中国建筑科学研究院
453	JG/T 5004—1992	混凝土超声波检测仪		天津建筑仪器厂
454	JG/T 5005—1992	混凝土钻孔机		中国建筑科学研究院
455	JG/T 5007—1992	混凝土路面切缝机		中国建筑科学研究院
456	JG/T 5008—1992	地面水磨石机		中国建筑科学研究院
457	JG/T 5010—1992	住宅电梯的配置与选择		中国建筑科学研究院
458	JG/T 5013.2—1992	振动平板夯技术条件		长沙建机所
459	JG/T 5013.3—1992	振动平板夯性能试验方法		长沙建机所
460	JG/T 5013.4—1992	振动平板夯可靠性试验方法		长沙建机所
461	JG/T 5014.2—1992	振动冲击夯技术条件		长沙建机所
462	JG/T 5014.3—1992	振动冲击夯性能试验方法		长沙建机所
463	JG/T 5014.4—1992	振动冲击夯可靠性试验方法		长沙建机所
464	JG/T 5019—1992	管子套丝切断机	JJ 69—87	中国建筑科学研究院
465	JG/T 5022—1992	钢筋冷拔机		中国建筑科学研究院
466	JG/T 5026—1992	水磨石磨光机		中国建筑科学研究院
467	JG/T 5040.1—1993	铲运机技术条件		长沙建机所
468	JG/T 5040.2—1993	铲运机性能试验方法		郑州工程机械制造厂
469	JG/T 5040.3—1995	铲运机可靠性试验方法		长沙建机所

序号	标准编号	标准名称	被代替标准号	主编单位
470	JG/T 5043.1—1993	转盘钻孔机　分类		郑州勘察机械厂
471	JG/T 5043.2—1993	转盘钻孔机　技术条件		郑州勘察机械厂
472	JG/T 5043.3—1993	转盘钻孔机　试验方法		郑州勘察机械厂
473	JG/T 5055—1994	履带起重机安全规范		长沙建机所
474	JG/T 5059.1—1995	气卸散装水泥输送车		长沙建机所
475	JG/T 5063—1995	钢筋电渣压力焊机		陕西省建科院
476	JG/T 5068—1995	地板磨光机		中国建筑科学研究院建筑机械化研究所
477	JG/T 5069—1995	地面抹光机		北京建筑机械综合所
478	JG/T 5070—1995	型材切割机		中国建筑科学研究院建筑机械化研究所
479	JG/T 5076.1—1996	振动压路机减振系统设计规范		长沙建机所
480	JG/T 5076.2—1995	振动压路机减振系统检验规范		长沙建机所
481	JG/T 5077.1—1995	震荡压路机技术条件		长沙建机所
482	JG/T 5077.2—1995	震荡压路机性能试验方法		长沙建机所
483	JG/T 5082.1—1996	建筑机械与设备　焊接件通用技术条件	JJ 12.1—1987 JJ 12.3—1987	北京建筑工程机械厂 北京建筑机械综合研究所 沈阳建机厂 北京建机厂
484	JG/T 5089—1997	油液中固体颗粒污染物的自动颗粒计数法		北京建筑机械综合所
485	JG/T 5091—1997	钢丝绳柱形压制接头		北京建筑机械综合所
486	JG/T 5092—1997	混凝土制品机械激振器		中国建研院机械化所
487	JG/T 5099—1998	高空作业机械安全规则		中国建研院机械化所
488	JG/T 5104—1998	行架式高空作业平台		上海飞机制造厂
489	JG/T 5109—1999	导杆式柴油打桩机		北京建筑机械综合所
490	JG/T 5110—1999	冲抓成孔机		北京建筑机械综合所
491	JG/T 5114—1999	钢筋锥螺纹套丝机		中国建研院、河北省建委
492	JG/T 5115—1999	钢筋网成型机		中国建研院、河北省建委

附录　其他专业领域工程建设国家标准

序号	标准编号	标准名称	被代替标准编号	主编单位
1	GB/T 50006—2010	厂房建筑模数协调标准	GBJ 6—86	中国机械工业勘察设计协会
2	GB 50012—2012	Ⅲ、Ⅳ级铁路设计规范	GBJ 12—87	中铁第四勘察设计院集团有限公司
3	GBJ 22—87	厂矿道路设计规范	TJ 22—77	交通部公路规划设计院
4	GB 50029—2014	压缩空气站设计规范	GB 50029—2003	中机国际工程设计研究院有限责任公司（原机械工业部第八设计研究院） 红五环集团股份有限公司
5	GB 50030—2013	氧气站设计规范	GB 50030—91	中国中元国际工程有限公司 中国电子工程设计院
6	GB 50040—96	动力机器基础设计规范	GBJ 40—79	机械工业部设计研究院
7	GB/T 50046—2018	工业建筑防腐蚀设计标准	GB 50046—2008	中国寰球工程有限公司 中国石油和化工勘察设计协会
8	GB 50049—2011	小型火力发电厂设计规范	GB 50049—94	河南省电力勘测设计院
9	GB 50050—2017	工业循环冷却水处理设计规范	GB 50050—2007	中国寰球工程有限公司
10	GB 50051—2013	烟囱设计规范	GB 50051—2002	中冶东方工程技术有限公司
11	GB 50052—2009	供配电系统设计规范	GB 50052—95	中国联合工程公司
12	GB 50053—2013	20kV 及以下变电所设计规范	GB 50053—94	中机中电设计研究院有限公司
13	GB 50054—2011	低压配电设计规范	GB 50054—95	中机中电设计研究院有限公司
14	GB 50055—2011	通用用电设备配电设计规范	GB 50055—93	中国新时代国际工程公司
15	GB 50056—93	电热设备电力装置设计规范	GBJ 56—83	机械工业部设计研究院
16	GB 50058—2014	爆炸危险环境电力装置设计规范	GB 50058—92	中国寰球工程公司
17	GB 50059—2011	35kV ~ 110kV 变电站设计规范	GB 50059—92	华东电力设计院 上海电力设计院有限公司
18	GB 50060—2008	3kV ~ 110kV 高压配电装置设计规范	GB 50060—92	中国电力工程顾问集团西北电力设计院
19	GB 50061—2010	66kV 及以下架空电力线路设计规范	GB 50061—97	辽宁电力勘测设计院
20	GB/T 50062—2008	电力装置的继电保护和自动装置设计规范	GB 50062—92	中国电力集团东北电力设计院
21	GB/T 50063—2017	电力装置电测量仪表装置设计规范	GB/T 50063—2008	中国电力企业联合会
22	GB/T 50064—2014	交流电气装置的过电压保护和绝缘配合设计规范	GBJ 64—83	中国电力科学研究院
23	GB/T 50065—2011	交流电器装置的接地设计规范	GBJ 65—83	中国电力科学研究院

序号	标准编号	标准名称	被代替标准编号	主编单位
24	GB 50070—2009	矿山电力设计规范	GB 50070—94	中煤国际工程集团北京华宇工程有限公司
25	GB 50071—2014	小型水力发电站设计规范	GB 50071—2002	水利部水利水电规划设计总院 四川省水利电力勘测设计研究院
26	GB 50072—2010	冷库设计规范	GB 50072—2001	国内贸易工程设计研究院
27	GB 50073—2013	洁净厂房设计规范	GB 50073—2001	中国电子工程设计院
28	GB 50074—2014	石油库设计规范	GB 50074—2002	中国石化工程建设有限公司
29	GB 50077—2017	钢筋混凝土筒仓设计规范	GB 50077—2003	中煤科工集团北京华宇工程有限公司
30	GB 50078—2008	烟囱工程施工及验收规范	GBJ 78—85	中冶京唐建设有限公司
31	GB/T 50085—2007	喷灌工程技术规范	GBJ 85—85	北京工业大学继续教育学院 中国水利水电科学研究院
32	GB/T 50087—2013	工业企业噪声控制设计规范	GBJ 87—85	北京市劳动保护科学研究所
33	GB 50089—2018	民用爆炸物品工程设计安全标准	GB 50089—2007	中国五洲工程设计集团有限公司 兵器工业安全技术研究所
34	GB 50090—2006	铁路线路设计规范	GB 50090—99	铁道第一勘察设计院
35	GB 50091—2006	铁路车站及枢纽设计规范	GB 50091—99	铁道第一勘察设计院
36	GB 50093—2013	自动化仪表工程施工及验收规范	GB 50093—2002 GB 50131—2007	中国化学工程第十一建设有限公司 全国化工施工标准化管理中心站
37	GB 50098—2009	人民防空工程设计防火规范	GB 50098—98	总参工程兵第四设计研究院
38	GB/T 50102—2014	工业循环水冷却设计规范	GB/T 50102—2003	中国电力工程顾问集团东北电力设计院
39	GB/T 50109—2014	工业用水软化除盐设计规范	GB/T 50109—2006	中国电力工程顾问集团西北电力设计院
40	GB 50111—2006（2009 年版）	铁路工程抗震设计规范	GBJ 111—87	中铁第一勘察设计院集团有限公司
41	GB 50115—2009	工业电视系统工程设计规范	GBJ 115—87	中冶京诚工程技术有限公司
42	GBJ 122—88	工业企业噪声测量规范		北京市劳动保护科学研究所
43	GB 50126—2008	工业设备及管道绝热工程施工及验收规范	GBJ 126—89	全国化工施工标准化管理中心站
44	GB 50127—2007	架空索道工程技术规范	GBJ 127—89	昆明有色冶金设计研究院
45	GB 50128—2014	立式圆筒形钢制焊接储罐施工规范	GB 50128—2005	中国石油天然气第一建设公司
46	GB 50136—2011	电镀废水治理设计规范	GBJ 136—90	中国新时代国际工程公司

序号	标准编号	标准名称	被代替标准编号	主编单位
47	GB/T 50138—2010	水位观测标准	GBJ 138—90	水利部长江水利委员会水文局
48	GB 50139—2014	内河通航标准	GB 50139—2004	长江航道局
49	GB 50143—2018	架空电力线路、变电站（所）对电视差转台、转播台无线电干扰防护间距标准	GBJ 143—90	国家新闻出版广电总局广播电视规划院
50	GB 50147—2010	电气装置安装工程　高压电器施工及验收规范	GBJ 147—90 GBJ 232—82（部分）	中国电力科学研究院（原国电电力建设研究所） 广东省输变电工程公司
51	GB 50148—2010	电气装置安装工程　电力变压器、油浸电抗器、互感器施工及验收规范	GBJ 148—90 GBJ 232—82（部分）	中国电力科学研究院（原国电电力建设研究所） 广东省输变电工程公司
52	GB 50149—2010	电气装置安装工程　母线装置施工及验收规范	GBJ 149—90 GBJ 232—82（部分）	中国电力科学研究院 江苏电力建设第一工程公司
53	GB 50150—2016	电气装置安装工程　电气设备交接试验标准	GBJ 232—82（部分） GB 50150—2006	国网北京电力建设研究院
54	GB 50154—2009	地下及覆土火药炸药仓库设计安全规范	GB 50154—92	兵器工业安全技术研究所
55	GB 50156—2012（2014 年版）	汽车加油加气站设计与施工规范	GB 50156—2002（2006 年版）	中国石化工程建设有限公司
56	GB 50158—2010	港口工程结构可靠性设计统一标准	GB 50158—92	中国交通建设股份有限公司
57	GB/T 50159—2015	河流悬移质泥沙测验规范	GB 50159—92	水利部水文局（水利部水利信息中心）
58	GB 50160—2008（2018 年版）	石油化工企业设计防火标准	GB 50160—92（1999 年版）	中石化洛阳工程有限公司 中国石化工程建设有限公司
59	GB 50161—2009	烟花爆竹工程设计安全规范	GB 50161—92	兵器工业安全技术研究所 国家安全生产宜春烟花爆竹检测检验中心
60	GB 50162—92	道路工程制图标准		交通部公路规划设计院
61	GB 50163—92	卤代烷 1301 灭火系统设计规范		公安部天津消防科学研究所
62	GB 50168—2018	电气装置安装工程　电缆线路施工及验收标准	GB 50168—2006	中国电力企业联合会 中国电力科学研究院
63	GB 50169—2016	电气装置安装工程　接地装置施工及验收规范	GB 50169—2006	中国电力科学研究院
64	GB 50170—2018	电气装置安装工程　旋转电机施工及验收标准	GB 50170—2006	中国电力企业联合会 中国电力科学研究院
65	GB 50171—2012	电气装置安装工程　盘、柜及二次回线结线施工及验收规范	GB 50171—92	广东火电工程总公司 中国电力企业联合会
66	GB 50172—2012	电气装置安装工程　蓄电池施工及验收规范	GB 50172—92	湖南省火电建设公司 中国电力企业联合会

序号	标准编号	标准名称	被代替标准编号	主编单位
67	GB 50173—2014	电气装置安装工程66kV及以下架空电力线路施工及验收规范	GB 50173—92	中国电力科学研究院 葛洲坝集团电力有限责任公司
68	GB 50174—2017	数据中心设计规范	GB 50174—2008	中国电子工程设计院
69	GB 50175—2014	露天煤矿工程质量验收规范	GB 50175—93	中煤平朔集团有限公司
70	GB 50177—2005	氢气站设计规范	GB 50177—93	中国电子工程设计院
71	GB 50179—2015	河流流量测验规范	GB 50179—93	水利部水文局（水利部水利信息中心）
72	GB 50183—2004	石油天然气工程设计防火规范	GB 50183—93	中国石油天然气股份有限公司规划总院
73	GB 50184—2011	工业金属管道工程施工质量验收规范	GB 50184—93	中国石油和化工勘察设计协会 中国化学工程第三建设有限公司
74	GB 50185—2010	工业设备及管道绝热工程施工质量验收规范	GB 50185—93	中国石油化工勘察设计协会 全国化工施工标准化管理中心站
75	GB/T 50186—2013	港口工程基本术语标准	GB 50186—93	中交水运规划设计院有限公司
76	GB 50187—2012	工业企业总平面设计规范	GB 50187—93	中冶南方工程技术有限公司
77	GB 50190—93	多层厂房楼盖抗微振设计规范		机械工业部设计研究总院
78	GB 50195—2013	发生炉煤气站设计规范	GB 50195—94	中国中元国际工程公司
79	GB 50197—2015	煤炭工业露天矿设计规范	GB 50197—2005	中国煤炭建设协会勘察设计委员会 中煤科工集团沈阳设计研究院有限公司
80	GB 50198—2011	民用闭路监视电视系统工程技术规范	GB 50198—94	武汉市广播影视局
81	GB 50199—2013	水力水电工程结构可靠性设计统一标准	GB 50199—94	水利水电规划设计总院
82	GB/T 50200—2018	有限电视网络工程设计标准	GB 50200—94	中广电广播电影电视设计研究院 武汉市广播电视台
83	GB 50201—2014	防洪标准	GB 50201—94	水利部水利水电规划设计总院 黄河勘测规划设计有限公司
84	GB 50211—2014	工业炉砌筑工程施工与验收规范	GB 50211—2004	中冶武汉冶金建筑研究院
85	GB 50213—2010	矿山井巷工程质量验收规范	GBJ 213—90	中煤第五建设有限公司
86	GB 50215—2015	煤炭工业矿井设计规范	GB 50215—2005	中国煤炭科工集团南京设计研究院有限公司 中国煤炭建设协会勘察设计委员会

序号	标准编号	标准名称	被代替标准编号	主编单位
87	GB 50216—94	铁路工程结构可靠度设计统一标准		铁道部科学研究院
88	GB 50217—2018	电力工程电缆设计标准	GB 50217—2007	中国电力企业联合会 中国电力工程顾问集团西南电力设计院有限公司
89	GB 50226—2007（2011 年版）	铁路旅客车站建筑设计规范	GB 50226—95	铁道第三勘察设计院集团有限公司
90	GB 50227—2017	并联电容器装置设计规范	GB 50227—2008	中国电力企业联合会 中国电力工程顾问集团西南电力设计院有限公司
91	GB 50229—2006	火力发电厂与变电所设计防火规范	GB 50229—96	中国电力工程顾问集团东北电力设计院
92	GB 50231—2009	机械设备安装工程施工及验收通用规范	GB 50231—98	中国机械工业建设总公司
93	GB 50233—2014	110kV ~ 750kV 架空输电线路施工及验收规范	GB 50233—2005 GB 50389—2006	中国电力企业联合会 中国电力科学研究院
94	GB 50235—2010	工业金属管道工程施工规范	GB 50235—97	中国石油和化工勘察设计协会 中国化学工程第三建设有限公司
95	GB 50236—2011	现场设备、工业管道焊接工程施工规范	GB 50236—98	中国石油和化工勘察设计协会 中油吉林化建工程股份有限公司
96	GB 50251—2015	输气管道工程设计规范	GB 50251—2003	中国石油集团工程设计有限责任公司西南分公司
97	GB/T 50252—2018	工业安装工程施工质量验收统一标准	GB 50252—2010	中国石油和化工勘察设计协会 中国化学工程第四建设有限公司
98	GB 50253—2014	输油管道工程设计规范	GB 50253—2003	中国石油天然气管道工程有限公司
99	GB 50254—2014	电气装置安装工程低压电器施工及验收规范	GB 50254—96	中国电力企业联合会 北京建工集团有限责任公司
100	GB 50255—2014	电气装置安装工程电力变流设备施工及验收规范	GB 50255—96	葛洲坝集团电力有限责任公司 中国电力科学研究院
101	GB 50256—2014	电气装置安装工程起重机电气装置施工及验收规范	GB 50256—96	中国电力企业联合会 国核工程有限公司
102	GB 50257—2014	电气装置安装工程爆炸和火灾危险环境电气装置施工及验收规范	GB 50257—96	中国电力企业联合会 国核工程有限公司
103	GB 50260—2013	电力设施抗震设计规范	GB 50260—96	中国电力工程顾问集团西北电力设计院
104	GB/T 50262—2013	铁路工程基本术语标准	GB/T 50262—97	铁道部第三勘察设计集团有限公司

序号	标准编号	标准名称	被代替标准编号	主编单位
105	GB 50264—2013	工业设备及管道绝热工程设计规范	GB 50264—97	中国石油和化工勘察设计协会 中国成达工程有限公司
106	GB/T 50265—2010	泵站设计规范	GB/T 50265—97	湖北省水利水电勘测设计院
107	GB 50267—97	核电厂抗震设计规范		国家地震局工程力学研究所
108	GB/T 50269—2015	地基动力特性测试规范	GB/T 50269—97	机械工业勘察设计研究院有限公司 中国机械工业集团有限公司
109	GB 50270—2010	输送设备安装工程施工及验收规范	GB 50270—98	中国机械工业建设总公司 中国机械工业机械化施工公司 北京市工业设计研究院
110	GB 50271—2009	金属切削机床安装工程施工及验收规范	GB 50271—98	中国机械工业建设总公司
111	GB 50272—2009	锻压设备安装工程施工及验收规范	GB 50272—98	中国机械工业建设总公司
112	GB 50273—2009	工业锅炉安装工程施工及验收规范	GB 50273—98	中国机械工业建设总公司
113	GB 50274—2010	制冷设备、空气分离设备安装工程施工及验收规范	GB 50274—98	中国机械工业建设总公司 中国机械工业第四建设工程公司 北京市工业设计研究院
114	GB 50275—2010	风机、压缩机、泵安装工程施工及验收规范	GB 50275—98	中国机械工业建设总公司 中国机械工业第四建设工程公司 北京市工业设计研究院
115	GB 50276—2010	破碎、粉磨设备安装工程施工及验收规范	GB 50276—98	中国机械工业建设总公司 中国机械工业第五建设工程公司 北京市工业设计研究院
116	GB 50277—2010	铸造设备安装工程施工及验收规范	GB 50277—98	中国机械工业建设总公司 中国机械工业第二建设工程公司 北京市工业设计研究院
117	GB 50278—2010	起重设备安装工程施工及验收规范	GB 50278—98	中国机械工业建设总公司 中国机械工业机械化施工公司 北京市工业设计研究院
118	GB 50284—2008	飞机库设计防火规范	GB 50284—98	中国航空工业规划设计研究院
119	GB 50285—98	调幅收音台和调频电视转播台与公路的防护间距标准		广电总局标准化规划研究所
120	GB 50286—2013	堤防工程设计规范	GB 50286—98	水利部水利水电规划设计总院
121	GB 50287—2006	水力发电工程地质勘察规范	GB 50287—99	水利水电规划设计总院

序号	标准编号	标准名称	被代替标准编号	主编单位
122	GB 50288—2018	灌溉与排水工程设计标准	GB 50288—99	水利部水利水电规划设计总院 陕西省水利电力勘测设计研究院
123	GB/T 50290—2014	土工合成材料应用技术规范	GB 50290—98	水利部水利水电规划设计总院 中国水利水电科学研究院
124	GB/T 50294—2014	核电厂总平面及运输设计规范	GB/T 50294—1999	中国核电工程公司
125	GB 50295—2016	水泥工厂设计规范	GB 50295—2008	天津水泥工业设计研究院有限公司
126	GB 50296—2014	管井技术规范	GB 50296—99	中冶集团武汉勘察研究院有限公司
127	GB/T 50297—2018	电力工程基本术语标准	GB/T 50297—2006	中国电力企业联合会 国网四川省电力公司
128	GB 50309—2017	工业炉砌筑工程质量验收规范	GB 50309—2007	中冶武汉冶金建筑研究院有限公司 宏峰集团（福建）有限公司
129	GB 50313—2013	消防通信指挥系统设计规范	GB 50313—2000	公安部沈阳消防研究所
130	GB 50316—2000（2008 年版）	工业金属管道设计规范		中国寰球化学工程公司
131	GB 50317—2009	猪屠宰与分割车间设计规范	GB 50317—2000	国内贸易工程设计研究院
132	GB 50320—2014	粮食平房仓设计规范	GB 50320—2001	河南工业大学 河南创达建设工程管理有限公司
133	GB 50322—2011	粮食钢板筒仓设计规范	GB 50322—2001	郑州粮油食品工程建筑设计院 郑州市第一建筑工程集团有限公司
134	GB 50341—2014	立式圆筒形钢制焊接油罐设计规范	GB 50341—2003	中国石油天然气管道工程有限公司
135	GB 50342—2003	混凝土电视塔结构技术规范		国家广播电影电视总局设计院
136	GB 50349—2015	气田集输设计规范		中国石油集团工程设计有限责任公司西南分公司
137	GB 50350—2015	油田油气集输设计规范	GB 50350—2005	大庆油田工程有限公司
138	GB 50351—2014	储罐区防火堤设计规范	GB 50351—2005	中国石油天然气管道工程有限公司
139	GB 50359—2016	煤炭洗选工程设计规范	GB 50359—2005	中煤国际工程集团北京华宇工程有限公司
140	GB 50360—2016	水煤浆工程设计规范	GB 50360—2005	中国煤炭建设协会勘察设计委员会 中煤科工集团北京华宇工程有限公司
141	GB/T 50363—2018	节水灌溉工程技术标准	GB/T 50363—2006	中国灌溉排水发展中心

序号	标准编号	标准名称	被代替标准编号	主编单位
142	GB 50369—2014	油气长输管道工程施工及验收规范	GB 50369—2006	中国石油天然气管道局
143	GB 50372—2006	炼铁机械设备工程安装验收规范		上海宝冶建设有限公司
144	GB 50373—2006	通信管道与通信工程设计规范		中讯邮电咨询设计院
145	GB/T 50374—2018	通信管道工程施工及验收标准	GB 50374—2006	中讯邮电咨询设计院有限公司
146	GB 50376—2015	橡胶工厂节能设计规范	GB 50376—2006	中国石油和化工勘察设计协会 中国化学工业桂林工程有限公司
147	GB 50377—2006	选矿机械设备工程安装验收规范		中国第三冶金建设公司
148	GB 50383—2016	煤矿井下消防、洒水设计规范	GB 50383—2006	中煤邯郸设计工程有限责任公司
149	GB 50384—2016	煤矿立井井筒及硐室设计规范	GB 50384—2007	中国煤炭建设协会勘察设计委员会 中煤科工集团南京设计研究院有限公司
150	GB 50385—2018	矿山井架设计规范	GB 50385—2006	中煤邯郸设计工程有限责任公司
151	GB 50386—2016	轧机机械设备工程安装验收规范	GB 50386—2006	中国二十冶集团有限公司
152	GB 50387—2017	冶金机械液压、润滑和气动设备工程安装验收规范	GB 50387—2006	中国一冶集团有限公司
153	GB 50388—2016	煤矿井下机车车辆运输信号设计规范	GB 50388—2006	中煤国际工程集团沈阳设计研究院
154	GB 50390—2017	焦化机械设备安装验收规范	GB 50390—2006	中国五冶集团有限公司 五冶集团上海有限公司
155	GB 50391—2014	油田注水工程设计规范	GB 50391—2006	大庆油田工程有限公司
156	GB/T 50392—2016	机械通风冷却塔工艺设计规范	GB/T 50392—2006	全国化工给排水设计技术中心站
157	GB 50393—2017	钢质石油储罐防腐蚀工程技术标准	GB 50393—2008	中石化广州工程有限公司 中石油大庆油田工程有限公司
158	GB 50395—2007	视频安防监控系统工程设计规范		全国安全防范报警系统标准化技术委员会
159	GB 50396—2007	出入口控制系统工程设计规范		全国安全防范报警系统标准化技术委员会
160	GB 50397—2007	冶金电气设备工程安装验收规范		中国第三冶金建设公司
161	GB/T 50398—2018	无缝钢管工程设计标准	GB 50398—2006	中冶东方工程技术有限公司

序号	标准编号	标准名称	被代替标准编号	主编单位
162	GB 50401—2007	消防通信指挥系统施工及验收规范		公安部沈阳消防研究所
163	GB 50402—2007	烧结机械设备工程安装验收规范		中国第十三冶金建设公司
164	GB 50403—2017	炼钢机械设备工程安装验收规范	GB 50403—2007	中国一冶集团有限公司
165	GB 50405—2017	钢铁工业资源综合利用设计规范	GB 50405—2007	中冶京诚工程技术有限公司
166	GB 50406—2017	钢铁工业环境保护设计规范	GB 50406—2007	中冶京诚工程技术有限公司
167	GB 50408—2015	烧结厂设计规范	GB 50408—2007	中冶长天国际工程有限责任公司
168	GB 50410—2014	型钢轧钢工程设计规范	GB 50410—2007	中冶南方工程技术有限公司 中冶赛迪工程技术股份有限公司
169	GB 50414—2018	钢铁冶金企业设计防火标准	GB 50414—2007	中冶京诚工程技术有限公司 首安工业消防有限公司
170	GB 50415—2017	煤矿斜井井筒及硐室设计规范	GB 50415—2007	中煤国际工程集团武汉设计研究院有限公司
171	GB 50416—2017	煤矿井底车场硐室设计规范	GB 50416—2007 GB 50534—2009 GB 50535—2009	中煤科工集团武汉设计研究院有限公司 中煤科工集团沈阳设计研究院有限公司
172	GB 50417—2017	煤矿井下供配电设计规范	GB 50417—2007	中煤国际工程集团武汉设计研究院有限公司
173	GB 50418—2017	煤矿井下热害防治设计规范	GB 50418—2007	中煤国际工程集团武汉设计研究院有限公司
174	GB 50419—2017	煤矿巷道断面和交岔点设计规范	GB 50419—2007	中煤西安设计工程有限责任公司
175	GB 50421—2018	有色金属矿山排土场设计标准	GB 50421—2007	中国有色工程有限公司 长沙有色冶金设计研究院有限公司
176	GB 50423—2013	油气输送管道穿越工程设计规范	GB 50423—2007	中国石油天然气管道工程有限公司
177	GB 50424—2015	油气输送管道穿越工程施工规范	GB 50424—2007	中国石油天然气管道局
178	GB 50425—2008	纺织工业企业环境保护设计规范		上海纺织建筑设计研究院
179	GB 50426—2016	印染工厂设计规范	GB 50426—2007	中国纺织工业联合会 浙江省省直建筑设计院
180	GB 50427—2015	高炉炼铁工程设计规范	GB 50427—2008	中冶赛迪集团有限公司
181	GB 50428—2015	油田采出水处理设计规范	GB 50428—2007	大庆油田工程有限公司

序号	标准编号	标准名称	被代替标准编号	主编单位
182	GB 50431—2008	带式输送机工程设计规范		中煤国际工程集团沈阳设计研究院
183	GB 50432—2007	炼焦工艺设计规范		中冶焦耐工程技术有限公司
184	GB 50433—2018	生产建设项目水土保持技术标准	GB 50433—2008	水利部水土保持监测中心
185	GB 50434—2018	生产建设项目水土流失防治标准	GB 50434—2008	水利部水土保持监测中心
186	GB 50435—2016	平板玻璃工厂设计规范	GB 50435—2007	蚌埠玻璃工业设计研究院
187	GB 50436—2017	线材轧钢工程设计标准	GB 50436—2007	中冶东方工程技术有限公司
188	GB 50439—2015	炼钢工程设计规范	GB 50439—2008	中冶京诚工程技术有限公司
189	GB/T 50441—2016	石油化工设计能耗计算标准	GB/T 50441—2007	中国石化集团洛阳石油化工公司
190	GB 50443—2016	水泥工厂节能设计规范	GB 50443—2007	中国水泥协会 天津水泥工业设计研究院有限公司
191	GB 50450—2008	煤矿主要通风机站设计规范		中煤邯郸设计工程有限责任公司
192	GB 50451—2017	煤矿井下排水泵站及排水管路设计规范	GB 50451—2008	中煤邯郸设计工程有限责任公司
193	GB 50453—2008	石油化工建（构）筑物抗震设防分类标准		中国石化工程建设公司
194	GB 50454—2008	航空发动机试车台设计规范		中国航空工业规划设计研究院
195	GB 50455—2008	地下水封石洞油库设计规范		青岛英派尔化学工程有限公司
196	GB 50457—2008	医药工业洁净厂房设计规范		中国石化集团上海工程有限公司
197	GB 50459—2017	油气输送管道跨越工程设计规范	GB 50459—2009	中国石油集团工程设计有限公司西南分公司
198	GB 50460—2015	油气输送管道跨越工程施工规范	GB 50460—2008	四川石油天然气建设工程有限责任公司
199	GB 50461—2008	石油化工静设备安装工程施工质量验收规范		中国石化集团第四建设公司
200	GB 50462—2015	数据中心基础设施施工及验收规范	GB 50462—2008	工业和信息化部电子工业标准化研究院电子工程标准定额站 中国机房设施工程有限公司
201	GB 50464—2008	视频显示系统工程技术规范		中国电子科技集团公司第三研究所 北京奥特维科技开发总公司
202	GB 50465—2008	煤炭工业矿区总体规划规范		中国煤炭建设协会勘察设计委员会
203	GB/T 50466—2018	煤炭工业供暖通风与空气调节设计标准	GB/T 50466—2008	中煤科工集团北京华宇工程有限公司

序号	标准编号	标准名称	被代替标准编号	主编单位
204	GB 50467—2008	微电子生产设备安装工程施工及验收规范		中国电力系统工程第二建设公司
205	GB 50468—2008	焊管工艺设计规范		中冶赛迪工程技术股份有限公司
206	GB 50469—2016	橡胶工厂环境保护设计规范	GB 50469—2008	中国石油和化工勘察设计协会 全国橡胶塑料设计技术中心
207	GB 50470—2017	油气输送管道线路工程抗震技术规范	GB 50470—2008	中国石油管道局工程有限公司
208	GB 50471—2018	煤矿瓦斯抽采工程设计标准	GB 50471—2008	中煤科工集团重庆设计研究院有限公司
209	GB 50472—2008	电子工业洁净厂房设计规范		中国电子工程设计院
210	GB 50473—2008	钢制储罐地基基础设计规范		中国石化工程建设公司
211	GB 50474—2008	隔热耐磨衬里技术规范		天津金耐达筑炉衬里有限公司 中国石化集团洛阳石化工程公司
212	GB 50475—2008	石油化工全厂性仓库及堆场设计规范		镇海石化工程有限责任公司
213	GB 50477—2017	纺织工业职业安全卫生设施设计规范	GB 50477—2009	中国纺织工业联合会 北京维拓时代建筑设计股份有限公司
214	GB 50478—2008	地热电站岩土工程勘察规范		中国电力工程顾问集团西南电力设计院
215	GB/T 50479—2011	电力系统继电保护及自动化设备柜（屏）工程技术规范		国电南京自动化股份有限公司
216	GB/T 50480—2008	冶金工业岩土勘察原位测试规范		中冶沈勘工程技术有限公司
217	GB 50481—2009	棉纺织工厂设计规范		河南省纺织建筑设计院有限公司
218	GB 50482—2009	铝加工厂工艺设计规范		中色科技股份有限公司（中国铝业公司洛阳有色金属加工设计研究院）
219	GB 50483—2009	化工建设项目环境保护设计规范		中国石油和化工勘察设计协会
220	GB 50484—2008	石油化工建设工程施工安全技术规范		中国石化集团第五建设公司
221	GB/T 50485—2009	微灌工程技术规范		中国灌溉排水发展中心 中国农业大学
222	GB 50486—2009	钢铁厂工业炉设计规范		中冶华天工程技术有限公司
223	GB 50487—2008	水利水电工程地质勘察规范		水利部水利水电规划设计总院 长江水利委员会勘测规划设计研究院

序号	标准编号	标准名称	被代替标准编号	主编单位
224	GB 50488—2018	腈纶工厂设计标准	GB 50488—2009	中国纺织工业联合会 上海纺织建筑设计研究院
225	GB 50489—2009	化工企业总图运输设计规范		中国石油和化工勘察设计协会 全国化工总图运输设计技术中心站
226	GB/T 50491—2018	铁矿球团工程设计标准	GB 50491—2009	中冶长天国际工程有限责任公司 中冶北方工程技术有限公司
227	GB 50492—2009	聚酯工厂设计规范		中国纺织工业设计院
228	GB 50493—2009	石油化工可燃气体和有毒气体检测报警设计规范		中国石化集团洛阳石油化工工程公司
229	GB 50499—2009	麻纺织工厂设计规范		黑龙江省纺织工业设计院
230	GB 50501—2007	水利工程工程量清单计价规范		北京峡光经济技术咨询有限责任公司 长江流域水利建设工程造价（定额）管理站
231	GB/T 50503—2014	兵器工业工厂废水监控规范		北京北方节能环保有限公司
232	GB 50505—2009	高炉煤气干法袋式除尘设计规范		北京首钢国际工程技术有限公司（原北京首钢设计院）
233	GB 50506—2009	钢铁企业节水设计规范		中冶京诚工程技术有限公司
234	GB 50507—2010	铁路罐车清洗设施设计规范		中国石化集团洛阳石油化工工程公司
235	GB 50508—2010	涤纶工厂设计规范		中国纺织工业设计院
236	GB/T 50509—2009	灌区规划规范		山东省水利勘测设计院
237	GB 50511—2010	煤矿井巷工程施工规范		中煤第一建设公司
238	GB 50512—2009	冶金露天矿准轨铁路设计规范		中冶北方工程技术有限公司
239	GB 50514—2009	非织造布工厂设计规范		辽宁天维纺织研究建筑设计有限公司（原辽宁省建筑纺织设计院）
240	GB 50515—2010	导（防）静电地面设计规范		北方设计研究院
241	GB 50516—2010	加氢站技术规范		中国电子工程设计院
242	GB 50517—2010	石油化工金属管道工程施工质量验收规范		中国石化集团第十建设公司
243	GB/T 50518—2010	矿井通风安全装备标准		中煤国际工程集团重庆设计研究院
244	GB 50520—2009	核工业铀水冶厂尾矿库、尾渣库安全设计规范		核工业第四研究设计院
245	GB 50521—2009	核工业铀矿冶工程设计规范		核工业第四研究设计院

序号	标准编号	标准名称	被代替标准编号	主编单位
246	GB/T 50522—2009	核电厂建设工程监理规范		核工业四达建设监理公司
247	GB 50523—2010	电子工业职业安全卫生设计规范		中国电子工程设计院
248	GB 50524—2010	红外线同声传译系统工程技术规范		中国电子科技集团公司第三研究所 深圳市台电实业有限公司
249	GB/T 50525—2010	视频显示系统工程测量规范		中国电子科技集团公司第三研究所
250	GB 50526—2010	公共广播系统工程技术规范		中国电子学会声频工程分会 广州市迪士普音响科技有限公司
251	GB 50527—2009	平板玻璃工厂节能设计规范		中国新型建筑材料工业杭州设计研究院 国家建筑材料工业标准定额总站
252	GB/T 50528—2018	烧结砖瓦工厂节能设计标准	GB 50528—2009	西安墙体材料研究设计院 中城建第六工程局集团有限公司
253	GB 50529—2009	维纶工厂设计规范		福建省建筑轻纺设计院
254	GB 50530—2010	氧化铝厂工艺设计规范		中铝国际工程有限责任公司沈阳分公司（沈阳铝镁设计研究院）
255	GB/T 50531—2009	建设工程计价设备材料划分标准		国家建筑材料工业标准定额总站
256	GB 50532—2009	煤炭工业矿区机电设备修理设施设计规范		中煤国际工程集团南京设计研究院 中国煤炭建设协会勘察设计委员会
257	GB 50533—2009	煤矿井下辅助运输设计规范		煤炭工业济南设计研究院 中国煤炭建设协会勘察设计委员会
258	GB 50536—2009	煤矿综采采区设计规范		煤炭工业济南设计研究院 中国煤炭建设协会勘察设计委员会
259	GB/T 50537—2017	油气田工程测量规范	GB/T 50537—2009	大庆油田工程有限公司
260	GB/T 50538—2010	埋地钢质管道防腐保温层技术标准		大庆油田工程有限公司
261	GB/T 50539—2017	油气输送管道工程测量规范	GB/T 50539—2009	中国石油工程建设公司西南分公司
262	GB 50540—2012	石油天然气站内工艺管道工程施工规范	GB 50540—2009	中国石油天然气管道局
263	GB 50541—2009	钢铁企业原料场工艺设计规范		中冶赛迪工程技术股份有限公司

序号	标准编号	标准名称	被代替标准编号	主编单位
264	GB 50542—2009	石油化工厂区管线综合技术规范		中国石油化工股份有限公司洛阳分公司
265	GB 50543—2009	建筑卫生陶瓷工厂节能设计规范		中国建筑材料工业规划研究院 中国建筑材料集团咸阳陶瓷研究设计院
266	GB 50544—2009	有色金属企业总图运输设计规范		云南华昆工程技术股份公司（原昆明有色冶金设计研究院）
267	GB 50545—2010	110kV ~ 750kV 架空输电绕路设计规范		中国电力工程顾问集团公司 华东电力设计院
268	GB 50547—2010	尾矿堆积坝岩土工程技术规范		中国有色金属工业西安勘察设计研究院
269	GB/T 50548—2018	330kV ~ 750kV 架空输电线路勘测标准	GB 50548—2010	中国电力工程顾问集团中南电力设计院有限公司
270	GB/T 50549—2010	电厂标识系统编码标准		中国电力工程顾问集团公司
271	GB/T 50551—2018	球团机械设备工程安装及质量验收标准	GB 50551—2010	中国十七冶集团有限公司
272	GB/T 50552—2010	煤炭工业露天矿工程建设项目设计文件编制标准		中煤国际工程集团沈阳设计研究院
273	GB/T 50553—2010	煤炭工业选煤厂工程建设项目设计文件编制标准		中煤国际工程集团北京华宇工程有限公司
274	GB/T 50554—2017	煤炭工业矿井工程建设项目设计文件编制标准	GB/T 50554—2010	中煤科工集团南京设计研究院有限公司
275	GB 50556—2010	工业企业电气设备抗震设计规范		中国石化工程建设公司
276	GB/T 50557—2010	重晶石防辐射混凝土应用技术规范		湖南省第六工程有限公司 湖南省第四工程有限公司
277	GB 50558—2010	水泥工厂环境保护设计规范		天津水泥工业设计研究院
278	GB/T 50559—2018	平板玻璃工厂环境保护设施设计标准	GB 50559—2010	秦皇岛玻璃材料工业研究设计院
279	GB 50560—2010	建筑卫生陶瓷工厂设计规范		咸阳陶瓷研究设计院 大连三川建设集团股份有限公司
280	GB/T 50561—2010	建材工业设备安装工程施工及验收规范		中国建材国际工程有限公司 蚌埠玻璃工业设计研究院
281	GB/T 50562—2010	煤炭矿井工程基本术语标准		中国矿业大学 淮南矿业（集团）有限责任公司
282	GB/T 50564—2010	金属非金属矿山采矿制图标准		中国恩菲工程技术有限公司
283	GB 50565—2010	纺织工程设计防火规范		中国纺织工业设计院
284	GB 50566—2010	冶金除尘设备工程安装与质量验收规范		鞍钢建设集团有限公司 北京首钢建设集团有限公司

序号	标准编号	标准名称	被代替标准编号	主编单位
285	GB 50567—2010	炼铁工艺炉壳体结构技术规范		中冶赛迪工程技术股份有限公司
286	GB 50568—2010	油气田及管道岩土工程勘察规范		中国石油天然气管道工程有限公司
287	GB 50569—2010	钢铁企业热力设施设计规范		中冶赛迪工程技术股份有限公司
288	GB/T 50571—2010	海上风力发电工程施工规范		中国长江三峡集团公司
289	GB/T 50572—2010	核电厂工程地震调查与评价规范		电力规划设计总院
290	GB 50573—2010	双曲线冷却塔施工与质量验收规范		西北电力建设第四工程公司
291	GB 50575—2010	1kV 及以下配线工程施工与验收规范		浙江省工业设备安装集团有限公司 宁波建工股份有限公司
292	GB 50577—2010	水泥工厂职业安全卫生设计规范		中国建筑材料科学研究总院 天津水泥工业设计研究院有限公司
293	GB 50579—2010	航空工业理化测试中心设计规范		中国航空规划建设发展有限公司
294	GB 50580—2010	连铸工程设计规范		中冶京诚工程技术有限公司
295	GB 50581—2010	煤炭工业矿井监测监控系统装备配置标准		中煤国际工程集团南京设计研究院 中国煤炭建设协会勘察设计委员会
296	GB 50583—2010	选煤厂建筑结构设计规范		中煤国际工程集团北京华宇工程有限公司 中国煤炭建设协会勘察设计委员会
297	GB 50584—2010	煤气余压发电装置技术规范		中冶南方工程技术有限公司
298	GB 50586—2010	铝母线焊接工程施工及验收规范		七冶建设有限责任公司（原中国有色金属工业第七冶金建设公司）
299	GB/T 50587—2010	水库调度设计规范		长江水利委员会长江勘测规划设计研究院 水利部水利水电规划设计总院
300	GB 50588—2017	水泥工厂余热发电设计标准	GB 50588—2010	中材节能发展有限公司
301	GB/T 50589—2010	环氧树脂自流平地面工程技术规范		全国化工施工标准化管理中心站
302	GB/T 50590—2010	乙烯基酯树脂防腐蚀工程技术规范		全国化工施工标准化管理中心站
303	GB 50592—2010	煤矿矿井建筑结构设计规范		煤炭工业太原设计研究院 中国煤炭建设协会勘察设计委员会

序号	标准编号	标准名称	被代替标准编号	主编单位
304	GB/T 50593—2010	煤炭矿井制图标准		煤炭工业合肥设计研究院
305	GB/T 50594—2010	水功能区划分标准		水利部水利水电规划设计总院 长江流域水资源保护局
306	GB 50595—2010	有色金属矿山节能设计规范		中国恩菲工程技术有限公司（原中国有色工程设计研究总院） 云南华昆工程技术股份公司（原昆明有色冶金设计研究院）
307	GB/T 50597—2010	纺织工程常用术语、计量单位及符号标准		四川省纺织工业设计院
308	GB 50598--2010	水泥原料矿山工程设计规范		天津水泥工业设计研究院有限公司
309	GB 50599—2010	灌区改造技术规范		中国灌溉排水发展中心
310	GB/T 50600—2010	渠道防渗工程技术规范		中国灌溉排水发展中心
311	GB/T 50602—2010	球形储罐 γ 射线全景曝光现场检测标准		中国石油天然气第一建设公司 洛阳中油检测工程有限公司
312	GB 50603—2010	钢铁企业总图运输设计规范		中冶南方工程技术有限公司
313	GB 50607—2010	高炉喷吹煤粉工程设计规范		中冶京诚工程技术有限公司
314	GB 50608—2010	纤维增强复合材料建设工程应用技术规范		中冶建筑研究总院有限公司 国家工业建筑诊断与改造工程技术研究中心
315	GB/T 50609—2010	石油化工工厂信息系统设计规范		中国石化工程建设公司
316	GB/T 50610—2010	车用乙醇汽油储运设计规范		中国石化工程建设公司
317	GB 50611—2010	电子工程防静电设计规范		上海电子工程设计研究院有限公司
318	GB 50612—2010	冶金矿山选矿厂工艺设计规范		中冶北方工程技术有限公司 中冶长天国际工程有限责任公司
319	GB 50615—2010	冶金工业水文地质勘察规范		中冶集团武汉勘察设计院有限公司
320	GB 50616—2010	钢冶炼厂工艺设计规范		中国瑞林工程技术有限公司
321	GB/T 50619—2010	火力发电厂海水淡化工程设计规范		中国电力顾问集团华北电力设计院工程有限公司
322	GB 50620—2010	粘胶纤维工厂设计规范		江西省纺织工业科研设计院
323	GB/T 50622—2010	用户电话交换系统工程设计规范		中国移动通信集团设计院有限公司
324	GB/T 50623—2010	用户电话交换系统工程验收规范		中国移动通信集团设计院有限公司
325	GB/T 50625—2010	机井技术规范		中国灌溉排水发展中心

序号	标准编号	标准名称	被代替标准编号	主编单位
326	GB 50629—2010	板带轧钢工艺设计规范		中冶京诚工程技术有限公司
327	GB 50630—2010	有色金属工程设计防火规范		中国恩菲工程技术有限公司（原中国有色工程设计研究总院）
328	GB 50632—2010	钢铁企业节能设计规范		中冶京诚工程技术有限公司
329	GB 50633—2010	核电厂工程测量技术规范		广东省电力设计研究院 电力规划设计总院
330	GB 50634—2010（2015 年版）	水泥窑协同处置工业废物设计规范		天津水泥工业设计研究院有限公司 国家建筑材料工业标准定额总站
331	GB 50635—2010	会议电视会场系统工程设计规范		中国电子科技集团公司第三研究所
332	GB/T 50637—2010	弹体毛坯旋压工艺设计规范		中国兵器工业新技术推广研究所
333	GB/T 50638—2010	麻纺织设备工程安装与质量验收规范计		浙江金鹰股份有限公司
334	GB 50639—2010	锦纶工厂设计规范		中国纺织工业设计院
335	GB 50641—2010	有色金属矿山井巷安装工程施工及验收规范		十四冶建设集团有限公司
336	GB/T 50643—2018	橡胶工厂职业安全卫生设计标准	GB 50643—2010	中国化学工业桂林工程有限公司 中国石油和化工勘察设计协会
337	GB/T 50644—2011	油气管道工程建设项目设计文件编制标准		中国石油天然气管道工程有限公司 中国石油集团工程设计有限责任公司西南分公司
338	GB 50645—2011	石油化工绝热工程施工质量验收规范		中国石化集团第四建设公司
339	GB 50646—2011	特种气体系统工程技术规范		信息产业电子第十一设计研究院 中国电子系统工程第二建设有限公司
340	GB 50648—2011	化学工业循环冷却水系统设计规范		中国天辰工程有限公司 中国石油和化工勘察设计协会给排水设计专业委员会
341	GB/T 50649—2011	水利水电工程节能设计规范		水利部水利水电规划设计总院
342	GB 50650—2011	石油化工装置防雷设计规范		中国石化工程建设公司
343	GB/T 50651—2011	煤炭工业矿区总体规划文件编制标准		中煤西安设计工程有限责任公司
344	GB 50653—2011	有色金属矿山井巷工程施工规范		十四冶建设集团有限责任公司

序号	标准编号	标准名称	被代替标准编号	主编单位
345	GB 50654—2011	有色金属工业安装工程质量验收统一标准		有色金属工业建设工程质量监督总站
346	GB/T 50655—2011	化工厂蒸汽系统设计规范		中国石油和化工勘察设计协会 中国成达工程有限公司
347	GB/T 50657—2011	煤炭露天采矿制图标准		中煤国际工程集团沈阳设计研究院
348	GB/T 50658—2011	煤炭工业矿区机电设备修理厂工程建设项目设计文件编制标准		中煤国际工程集团南京设计研究院
349	GB/T 50659—2011	煤炭工业矿区水煤浆工程建设项目设计文件编制标准		中煤国际工程集团北京华宇工程有限公司
350	GB 50660—2011	大中型火力发电厂设计规范		中国电力工程顾问集团公司
351	GB/T 50662—2011	水工建筑物抗冰冻设计规范		中国东北勘测设计研究有限公司
352	GB/T 50663—2011	核电厂工程水文技术规范		电力规划设计总院
353	GB/T 50664—2011	棉纺织设备工程安装与质量验收规范		中国纺织机械器材工业协会
354	GB 50665—2011	1000kV 架空输电线路设计规范		中国电力工程顾问集团公司 国家电网公司
355	GB 50667—2011	印染设备工程安装与质量验收规范		中国纺织机械器材工业协会
356	GB/T 50670—2011	机械设备安装工程术语标准		中国机械工业建设总公司
357	GB 50671—2011	飞机喷漆机库设计规范		中国航空规划建设发展有限公司（原中国航空工业规划设计研究院）
358	GB 50672—2011	钢铁企业综合污水处理厂工艺设计规范		中冶建筑研究总院有限公司
359	GB 50673—2011	有色金属冶炼厂电力设计规范		长沙有色冶金设计研究院
360	GB/T 50674—2013	核电厂工程气象技术规范		中国电力顾问集团华东电力设计院 电力规划设计总院
361	GB/T 50675—2011	纺织工程制图标准		中国纺织工业设计院
362	GB/T 50676—2011	铀燃料元件厂混凝土结构厂房可靠性鉴定技术规范		中国核电工程有限公司郑州分公司（原核工业第五研究设计院）
363	GB 50677—2011	空分制氧设备安装工程施工与质量验收规范		中冶天工集团有限公司
364	GB 50678—2011	废弃电器电子产品处理工程设计规范		中国电子工程设计院

序号	标准编号	标准名称	被代替标准编号	主编单位
365	GB 50679—2011	炼铁机械设备安装规范		上海宝冶集团有限公司
366	GB 50681—2011	机械工业厂房建筑设计规范		机械工业第一设计研究院
367	GB 50683—2011	现场设备、工业管道焊接工程施工质量验收规范		中国石油和化工勘察设计协会 中油吉林化建工程股份有限公司
368	GB 50684—2011	化学工业污水处理与回用设计规范		中国石油和化工勘察设计协会 东华工程科技股份有限公司
369	GB 50685—2011	电子工业纯水系统设计规范		信息产业电子第十一设计研究院科技工程股份有限公司
370	GB 50687—2011	食品工业洁净用房建筑技术规范		中国建筑科学研究院
371	GB 50689—2011	通信局（站）防雷与接地工程设计规范		中讯邮电咨询设计院
372	GB 50690—2011	石油化工非金属管道工程施工质量验收规范		胜利油田胜利石油化工建设有限责任公司
373	GB/T 50691—2011	油气田地面工程建设项目设计文件编制标准		中国石油集团工程设计有限责任公司华北分公司
374	GB/T 50692—2011	天然气处理厂工程建设项目设计文件编制标准		中国石油集团工程设计有限责任公司西南分公司
375	GB 50694—2011	酒厂设计防火规范		四川省公安消防总队
376	GB 50695—2011	涤纶、锦纶、丙纶设备工程安装与质量验收规范		北京中丽制机工程技术有限公司（原北京中丽制机化纤工程技术有限公司）
377	GB 50696—2011	钢铁企业冶金设备基础设计规范		中冶赛迪工程技术股份有限公司
378	GB 50697—2011	1000kV 变电站设计规范		中国电力工程顾问集团公司 国家电网公司
379	GB/T 50698—2011	埋地钢质管道交流干扰防护技术标准		中国石油集团工程设计有限责任公司西南分公司
380	GB 50699—2011	液压振动台基础技术规范		五洲工程设计研究院（中国五洲工程设计有限公司）
381	GB/T 50700—2011	小型水电站技术改造规范		水利部农村水电及电气化发展局
382	GB 50701—2011	烧结砖瓦工厂设计规范		西安墙体材料研究设计院 中国建筑材料工业规划研究院
383	GB/T 50703—2011	电力系统安全自动装置设计规范		中国电力工程顾问集团东北电力设计院
384	GB 50704—2011	硅太阳能电池工厂设计规范		信息产业电子第十一设计研究院科技工程股份有限公司 中国电子系统工程第二建设有限公司
385	GB 50705—2012	服装工厂设计规范		北京维拓时代建筑设计公司

序号	标准编号	标准名称	被代替标准编号	主编单位
386	GB 50706—2011	水利水电工程劳动安全与工业卫生设计规范		水利部水利水电规划设计总院 长江水利委员会长江勘察规划设计研究院
387	GB 50707—2011	河道整治设计规范		水利部水利水电规划设计总院 中水淮河规划设计研究有限公司
388	GB/T 50708—2012	胶合木结构技术规范		中国建筑西南设计研究院
389	GB 50709—2011	钢铁企业管道支架设计规范		中冶赛迪工程技术股份有限公司
390	GB 50710—2011	电子工程节能设计规范		中国电力工程设计院
391	GB 50711—2011	冶炼烟气制酸设备安装工程施工规范		中国十五冶金建设集团有限公司
392	GB 50712—2011	冶炼烟气制酸设备安装工程质量验收规范		中国十五冶金建设集团有限公司
393	GB 50713—2011	板带精整工艺设计规范		中冶赛迪工程技术股份有限公司
394	GB 50714—2011	钢管涂层车间工艺设计规范		中冶赛迪工程技术股份有限公司
395	GB/T 50716—2011	重有色金属冶炼设备安装工程施工规范		二十三冶建设集团有限公司
396	GB 50717—2011	重有色金属冶炼设备安装工程质量验收规范		二十三冶建设集团有限公司
397	GB/T 50718—2011	建材工厂工程建设项目设计文件编制标准		国家建筑材料工业标准定额总站 中国中材国际工程股份有限公司
398	GB/T 50719—2011	电磁屏蔽室工程技术规范		北方设计研究院
399	GB 50721—2011	钢铁企业给水排水设计规范		中冶赛迪工程技术股份有限公司
400	GB 50723—2011	烧结机械设备安装规范		中冶天工集团有限公司
401	GB 50724—2011	大宗气体纯化及输送系统工程技术规范		信息产业电子第十一设计研究院 中国电子系统工程第四建设有限公司
402	GB 50725—2011	液晶显示器件生产设备安装工程施工及验收规范		中国电子科技集团第二研究所
403	GB 50726—2011	工业设备及管道防腐蚀工程施工规范		中国石油和化工勘察设计协会 全国化工施工标准化管理中心站
404	GB 50727—2011	工业设备及管道防腐蚀工程施工质量验收规范		中国石油和化工勘察设计协会 全国化工施工标准化管理中心站

序号	标准编号	标准名称	被代替标准编号	主编单位
405	GB 50729—2012	±800kV及以下直流换流站土建工程施工质量验收规范		国家电网公司直流建设分公司
406	GB 50730—2011	冶金机械液压、润滑和气动设备工程施工规范		中国一冶集团有限公司
407	GB/T 50731—2011	建材工程术语标准		国家建筑材料工业标准定额总站 中国建筑材料工业规划研究院
408	GB 50734—2012	冶金工业建设钻探技术规范		中勘冶金勘察设计研究院有限责任公司
409	GB 50735—2011	铁合金工艺及设备设计规范		中钢集团工程设计研究院有限公司
410	GB 50737—2011	石油储备库设计规范		中国石化工程建设公司
411	GB 50741—2012	1000kV架空输电线路勘察规范		中国电力工程顾问集团公司
412	GB 50742—2012	炼钢机械设备安装规范		中国一冶集团有限公司
413	GB/T 50744—2011	轧机机械设备安装规范		中国二十冶集团有限公司
414	GB 50745—2012	核电厂常规岛设计规范		东北电力设计院
415	GB/T 50746—2012	石油化工循环水场设计规范		中国石化工程建设公司
416	GB 50747—2012	石油化工污水处理设计规范		中国石化集团洛阳石油化工工程公司
417	GB/T 50748—2011	选煤工艺制图标准		中国煤炭建设协会勘察设计委员会 中煤国际工程集团北京华宇工程公司
418	GB 50749—2012	冶金工业建设岩土工程勘察规范		中勘冶金勘察设计研究院有限责任公司
419	GB 50750—2012	粘胶纤维设备工程安装与质量验收规范		中国纺织机械器材工业协会
420	GB 50751—2012	医用气体工程技术规范		上海市建筑学会
421	GB 50752—2012	电子辐射工程技术规范		山东高阳建设有限公司 山东蓝孚电子加速器技术有限公司
422	GB 50753—2012	有色金属冶炼厂收尘设计规范		中国恩菲工程技术有限公司（原中国有色工程设计研究总院）
423	GB 50754—2012	挤压钢管工程设计规范		中冶京诚工程技术有限公司
424	GB/T 50756—2012	钢制储罐地基处理技术规范		中国石化集团洛阳石油化工公司
425	GB 50757—2012	水泥窑协同处置污泥工程设计规范		天津水泥工业设计研究院

序号	标准编号	标准名称	被代替标准编号	主编单位
426	GB 50758—2012	有色金属加工厂节能设计规范		中色科技有限公司 中国有色金属工业工程建设标准规范管理处
427	GB 50759—2012	油品装载系统油气回收设施设计规范		中国石化集团洛阳石油化工公司
428	GB/T 50760—2012	数字集群通信工程技术规范		中讯邮电咨询设计院
429	GB/T 50761—2018	石油化工钢制设备抗震设计标准	GB 50761—2012	中国石化工程建设有限公司
430	GB 50762—2012	秸秆发电厂设计规范		中国电力工程顾问集团东北电力设计院
431	GB 50764—2012	电厂动力管道设计规范		中国电力工程顾问集团东北电力设计院
432	GB 50765—2012	炭素厂工艺设计规范		贵阳铝镁设计研究院有限公司
433	GB 50766—2012	水电水利工程压力钢管制作安装及验收规范		中国水利水电第七工程局有限公司
434	GB 50767—2013	火炸药工程设计能耗指标标准		五洲工程设计研究院
435	GB/T 50769—2012	节水灌溉工程验收规范		中国灌溉排水发展中心
436	GB/T 50770—2013	石油化工安全仪表系统设计规范		中国石化工程建设有限公司
437	GB 50771—2012	有色金属采矿设计规范		长沙有色冶金设计研究院有限公司
438	GB 50773—2012	蓄滞洪区设计规范		水利部水利水电规划设计总院 湖南省水利水电勘察设计研究总院
439	GB 50774—2012	±800kV 及以下换流站干式平波电抗器施工及验收规范		国家电网公司直流建设分公司
440	GB/T 50775—2012	±800kV 及以下换流站换流阀施工及验收规范		国家电网公司直流建设分公司
441	GB 50776—2012	±800kV 及以下换流站换流变压器施工及验收规范		国家电网公司直流建设分公司
442	GB 50777—2012	±800kV 及以下换流站构支架施工及验收规范		国家电网公司直流建设分公司
443	GB 50778—2012	露天煤矿岩土工程勘察规范		中煤国际工程集团沈阳设计研究院
444	GB 50779—2012	石油化工控制室抗爆设计规范		中国石化集团洛阳石油化工公司
445	GB/T 50780—2013	电子工程建设术语标准		中国电子工程设计院

序号	标准编号	标准名称	被代替标准编号	主编单位
446	GB 50781—2012	电子工厂化学品系统工程技术规范		信息产业电子第十一设计研究院科技工程股份有限公司 信息产业部电子工程标准定额站
447	GB 50782—2012	有色金属选矿厂工艺设计规范		中国恩菲工程技术有限公司 中国有色金属工业工程建设标准规范管理处
448	GB/T 50789—2012	±800kV 直流换流站设计规范		中国电力工程顾问集团公司 中国南方电网有限责任公司 中国电力企业联合会
449	GB 50790—2013	±800kV 直流架空输电线路设计规范		中国电力企业联合会 中国电力工程顾问集团公司 中国南方电网有限责任公司
450	GB 50791—2013	地热电站设计规范		中国电力工程顾问集团西南电力设计院
451	GB 50793—2012	会议电视会场系统工程施工及验收规范		中国电力科技集团第三研究所 工业和信息化部电子工业标准化研究院电子工程标准定额站
452	GB 50794—2012	光伏发电站施工规范		协鑫光伏系统有限公司 中国电力企业联合会
453	GB/T 50795—2012	光伏发电工程施工组织设计规范		华电新能源发展有限公司 中国电力企业联合会
454	GB/T 50796—2012	光伏发电工程验收规范		国家能源投资有限公司 中国电力企业联合会
455	GB 50797—2012	光伏发电站设计规范		上海电力设计院有限公司 中国电力企业联合会
456	GB 50798—2012	石油化工大型设备吊装工程规范		中石化宁波工程有限公司 中石化第十建设有限公司
457	GB 50799—2012	电子会议系统工程设计规范		北京奥特维科技有限公司 深圳市台电实业有限公司 工业和信息化部电子工业标准化研究院电子工程标准定额站
458	GB 50800—2012	消声室和半消声室技术规范		中国电子工程设计院 工业和信息化部电子工业标准化研究院电子工程标准定额站
459	GB 50807—2013	铀矿石和铀化合物储存设施安全技术规范		中核第四研究设计工程有限公司
460	GB 50809—2012	硅集成电路芯片工厂设计规范		信息产业电子第十一设计研究院科技工程股份有限公司 信息产业部电子工程标准定额站
461	GB 50810—2012	煤炭工业给水排水设计规范		中国煤炭建设协会勘察设计委员会 中煤西安设计工程有限责任公司

序号	标准编号	标准名称	被代替标准编号	主编单位
462	GB/T 50812—2013	化工厂蒸气凝结水系统设计规范		中石油东北炼化工程公司吉林设计院 中国石油和化工勘察设计协会
463	GB 50813—2012	石油化工粉体料仓防静电燃爆设计规范		中石化南京工程有限公司
464	GB 50814—2013	电子工程环境保护设计规范		中国电子工程设计院 工业和信息化部电子工业标准化研究院电子工程标准定额站
465	GB/T 50815—2013	稀硫酸真空浓缩处理技术规范		北京北方节能环保公司
466	GB 50816—2012	弹药装药废水处理设计规范		北京北方节能环保公司
467	GB/T 50817—2013	农田防护林工程设计规范		河南省林业调查规划院
468	GB/T 50818—2013	石油天然气管道工程全自动超声波检测技术规范		中国石油天然气管道局 中国石油天然气股份有限公司规划总院
469	GB 50819—2013	油气田集输管道施工规范		四川石油天然气建设工程有限责任公司 中国石油天然气股份有限公司规划总院
470	GB/T 50820—2013	建材矿山工程建设项目设计文件编制标准		天津水泥工业设计研究院有限公司 中国建筑材料工业规划研究院
471	GB 50821—2012	煤炭工业环境保护设计规范		中国煤炭建设协会勘察设计委员会 中煤西安设计工程有限责任公司
472	GB 50822—2012	中密度纤维板工程设计规范		国家林业局林产工业规划设计院
473	GB/T 50823—2013	油气田及管道工程计算机控制系统设计规范		胜利油田胜利勘察设计研究院有限公司
474	GB 50825—2013	钢铁厂加热炉工程质量验收规范		中冶京诚工程技术有限公司
475	GB 50826—2012	电磁波暗室工程技术规范		中国电子工程设计院 工业和信息化部电子工业标准化研究院电子工程标准定额站
476	GB 50827—2012	刨花板工程设计规范		国家林业局林产工业规划设计院
477	GB 50828—2012	防腐木材工程应用技术规范		木材节约发展中心 宁波建工股份有限公司
478	GB 50830—2013	冶金矿山采矿设计规范		中冶北方工程技术有限公司
479	GB/T 50832—2013	1000kV 系统电气装置安装工程电气设备交接试验标准		国家电网公司

序号	标准编号	标准名称	被代替标准编号	主编单位
480	GB 50834—2013	1000kV 构支架施工及验收规范		中国电力企业联合会 国家电网公司
481	GB 50835—2013	1000kV 电力变压器、油浸电抗器、互感器施工及验收规范		中国电力企业联合会 国家电网公司
482	GB 50836—2013	1000kV 高压电器（GIS、HGIS、隔离开关、避雷器）施工及验收规范		中国电力企业联合会 国家电网公司
483	GB/T 50837—2013	有色金属冶炼工程制图标准		中国恩菲工程技术有限公司
484	GB 50840—2012	矿浆管线施工及验收规范		中国十二冶集团有限公司 中冶建工集团有限公司
485	GB 50842—2013	建材矿山工程施工与验收规范		国家建筑材料工业标准定额总站 国家建筑材料工业规划研究院
486	GB/T 50845—2013	小水电电网节能改造工程技术规范		水利部农村水电及电气化发展局 水利部农村电气化研究所
487	GB/T 50848—2013	机械工业工程建设项目设计文件编制标准		中国联合工程公司 上海市机电设计研究院
488	GB 50850—2013	铝电解厂工艺设计规范		贵阳铝镁设计研究院 中国有色金属工业工程建设标准规范管理处
489	GB 50859—2013	矿山工程工程量计算规范		中国建设工程造价管理协会 住房和城乡建设部标准定额研究所
490	GB 50862—2013	爆破工程工程量计算规范		中国工程爆破协会 住房和城乡建设部标准定额研究所
491	GB 50863—2013	尾矿设施设计规范		中国恩菲工程技术有限公司 中国有色金属工业工程建设标准规范管理处
492	GB 50864—2013	尾矿设施施工及验收规范		昆明有色冶金设计研究院
493	GB/T 50865—2013	光伏发电接入配电网设计规范		国家电网公司 中国电力企业联合会
494	GB/T 50866—2013	光伏发电站接入电力系统设计规范		国家电网公司 中国电力企业联合会
495	GB 50872—2014	水电工程设计防火规范		水利水电规划设计总院
496	GB 50873—2013	化学工业给水排水管道设计规范		中国石油和化工勘察设计协会 华陆工程科技有限责任公司
497	GB 50874—2013	煤炭工业半地下储仓建筑结构设计规范		中国煤炭建设协会勘察设计委员会 中煤西安设计工程有限责任公司

序号	标准编号	标准名称	被代替标准编号	主编单位
498	GB/T 50876—2013	小型水电站安全检测与评价规范		水利部农村水电及电气化发展局 水利部农村电气化研究所
499	GB 50879—2013	人造板生产热能中心工程设计规范		国家林业局林产工业规划设计院
500	GB 50880—2013	冶炼烟气制酸工艺设计规范		中国有色金属工业工程建设标准规范管理处 中国恩菲工程技术公司
501	GB 50882—2013	轻金属冶炼机械设备安装工程施工规范		七冶建设有限责任公司 中国有色建设第六冶金建设公司 中国有色金属工程建设标准规范管理处
502	GB 50883—2013	轻金属冶炼机械设备安装工程质量验收规范		七冶建设有限责任公司 中色十二冶金建设有限公司
503	GB 50884—2013	钢筒仓技术规范		中国瑞林工程技术有限公司
504	GB/T 50885—2013	水源涵养林工程设计规范		国家林业局调查规划设计院
505	GB/T 50886—2013	林产工业工程术语标准		国家林业局林产工业规划设计院
506	GB/T 50887—2013	人造板工程环境保护设计规范		国家林业局林产工业规划设计院
507	GB/T 50888—2013	人造板工程节能设计规范		国家林业局林产工业规划设计院
508	GB 50889—2013	人造板工程职业安全卫生设计规范		国家林业局林产工业规划设计院
509	GB 50891—2013	有色金属冶炼厂自控设计规范		中国恩菲工程技术有限公司 昆明有色冶金设计研究院有限公司
510	GB/T 50892—2013	油气田及管道工程仪表控制系统设计规范		中国石化集团中原石油勘探局勘察设计研究院
511	GB/T 50893—2013	供电系统节能改造技术规范		北京城建科技促进会 泛华建设集团有限公司
512	GB 50894—2013	机械工业环境保护设计规范		中国新时代国际工程公司
513	GB 50895—2013	烟气脱硫机械设备工程安装及验收规范		中国十七冶集团有限公司 攀钢集团工程技术有限公司
514	GB 50896—2013	压型金属板工程应用技术规范		中冶建筑研究总院
515	GB 50897—2013	装饰石材工厂设计规范		中国建设材料工业规划研究院 中材人工晶体研究所
516	GB/T 50902—2013	医药工程基本术语标准		中石化上海工程公司
517	GB/T 50904—2013	非织造布设备工程安装与质量验收规范		中国纺织工业联合会 恒天重工股份有限公司

序号	标准编号	标准名称	被代替标准编号	主编单位
518	GB 50906—2013	机械工业厂房结构设计规范		中国中元国际工程公司
519	GB 50907—2013	抗爆间室结构设计规范		中国五洲工程设计集团有限公司
520	GB 50910—2013	机械工业工程节能设计规范		中国联合工程公司
521	GB 50913—2013	医药工艺用水系统设计规范		中国医药集团联合工程公司
522	GB 50914—2013	化学工业建（构）筑物抗震设防分类标准		中国石油和化工勘察设计协会 中国寰球工程公司
523	GB 50915—2013	有色金属矿山井巷工程设计规范		中国恩菲工程技术公司
524	GB 50919—2013	有色金属冶炼厂节能设计规范		中国瑞林工程技术有限公司
525	GB/T 50920—2013	用材竹林工程设计规范		国家林业局调查规划设计院
526	GB/T 50921—2013	速生丰产用材林工程设计规范		国家林业局调查规划设计院
527	GB 50922—2013	天线工程技术规范		工业和信息化部电子工业标准化研究院标准定额站 中国电子科技集团第三十九研究所
528	GB 50926—2013	丝绸工厂设计规范		中国纺织工业联合会 四川省纺织工业设计院
529	GB/T 50927—2013	大中型水电工程建设风险管理规范		中国电力企业联合会 中国水力发电工程学会
530	GB 50929—2013	氨纶工厂设计规范		江苏省纺织工业设计研究院有限公司 中国纺织工业联合会
531	GB 50930—2013	冷轧带钢工厂设计规范		中冶南方工程技术公司
532	GB/T 50931—2013	医药工程建设项目设计文件编制标准		中石化上海工程有限公司 中国医药集团重庆医药设计院 中国医药集团武汉医药设计院
533	GB/T 50933—2013	石油化工装置设计文件编制标准		中国石化工程建设有限公司
534	GB/T 50934—2013	石油化工工程防渗技术规范		中石化洛阳工程有限公司
535	GB/T 50935—2013	煤矿瓦斯抽采工程设计文件编制标准		中煤科工集团重庆设计研究院有限公司
536	GB 50937—2013	选煤厂管道安装工程施工与验收规范		中煤建筑安装工程集团有限公司 河南锦源建设有限公司
537	GB/T 50938—2013	石油化工钢制低温储罐技术规范		中国石油化工集团公司 中石化洛阳工程有限公司

序号	标准编号	标准名称	被代替标准编号	主编单位
538	GB 50944—2013	防静电工程施工与质量验收规范		工业和信息化部电子工业标准化研究院电子工程标准定额站
539	GB 50945—2013	光纤厂工程技术规范		工业和信息化部电子工业标准化研究院电子工程标准定额站 信息产业电子第十一设计研究院
540	GB 50946—2013	煤矿设备安装工程质量验收规范		平煤神马建工集团公司有限公司
541	GB 50949—2013	扩声系统工程施工规范		工业和信息化部电子工业标准化研究院电子工程标准定额站 中国电子科技集团公司第三研究所
542	GB 50950—2013	光缆厂生产设备安装工程施工及质量验收规范		工业和信息化部电子工业标准化研究院电子工程标准定额站 中国电子科技集团公司第八研究所
543	GB/T 50951—2013	有色金属矿山工程建设项目设计文件编制标准		中国恩菲工程技术有限公司 中国有色金属工业工程建设标准规范管理处
544	GB 50953—2014	网络互联调度系统工程技术规范		工业和信息化部电子工业标准化研究院电子工程标准定额站 安徽四创电子股份有限公司
545	GB 50955—2013	石灰石矿山工程勘察技术规范		西安建材地质工程勘察院 中材地质工程勘查研究院
546	GB 50956—2013	化纤工厂验收规范		中国纺织工业设计院 中国纺织工业联合会
547	GB 50957—2013	生物液体燃料工厂设计规范		中国海诚工程科技股份公司
548	GB/T 50958—2013	核电厂常规岛设计规范		中国能源建设集团广东电力设计研究院 中国电力顾问集团华东电力设计院 中国电力企业联合会
549	GB 50959—2013	有色金属工程结构荷载规范		中国恩菲工程技术有限公司
550	GB/T 50960—2014	小水电电网安全运行技术规范		水利部农村水电及电气化发展局 水利部农村电气化研究所
551	GB 50961—2014	有色金属矿山井巷安装工程质量验收规范		中国有色金属工业第十四冶金建设公司 十一冶建设集团有限责任公司
552	GB 50962—2014	铜加工厂工艺设计规范		中色科技股份有限公司 中国有色工程有限公司
553	GB 50963—2014	硫酸、磷肥生产污水处理设计规范		中国石油和化工勘察设计协会 中国石化集团南京工程公司

序号	标准编号	标准名称	被代替标准编号	主编单位
554	GB/T 50964—2014	小型水电站运行维护技术规范		水利部农村水电及电气化发展局 水利部农村电气化研究所
555	GB 50965—2014	冶金烧结球团烟气氨法脱硫设计规范		中钢集团工程设计研究院有限公司
556	GB 50966—2014	电动汽车充电站设计规范		国家电网公司 中国电力企业联合会
557	GB 50967—2014	焦化机械设备安装规范		中国五冶集团有限公司
558	GB 50968—2014	露天煤矿工程施工规范		中煤平朔集团有限公司
559	GB 50970—2014	装饰石材矿山露天开采工程设计规范		中国建筑材料工业规划研究院 浙江中材工程勘测设计有限公司
560	GB 50971—2014	钢铁企业余能发电机械设备工程安装与质量验收规范		北京首钢建设集团有限公司 中国十九冶集团有限公司
561	GB 50972—2014	循环流化床锅炉施工及质量验收规范		中国电力企业联合会 中国电力建设企业协会
562	GB 50973—2014	联合循环机组燃气轮机施工及质量验收规范		中国电力企业联合会 中国电力建设企业协会
563	GB/T 50975—2014	铀浓缩工厂工艺水管道工程施工及验收规范		中核新能源工业工程有限责任公司
564	GB/T 50976—2014	继电保护及二次回路安装及验收规范		中国电力企业联合会 重庆市电力公司
565	GB/T 50977—2014	化学工程节水设计规范		中国石油和化工勘察设计协会 华陆工程科技有限责任公司
566	GB/T 50978—2014	电子工业工程建设项目设计文件编制标准		工业和信息化部电子工业标准化研究院电子工程标准定额站 中国电子工程设计院 信息产业电子第十一设计研究院科技工程股份有限公司
567	GB/T 50979—2014	橡胶坝工程技术规范		中国水利水电科学研究院
568	GB/T 50980—2014	电力调度通信中心工程设计规范		中国电力企业联合会 中国能源建设集团广东电力设计研究院
569	GB/T 50983—2014	低、中水平放射性废物处置场岩土工程勘察规范		中国电力企业联合会 中国能源建设集团广东电力设计研究院
570	GB 50984—2014	石油化工工厂布置设计规范		中国石化工程建设有限公司 中石化洛阳工程有限公司
571	GB 50985—2014	铅锌冶炼厂工艺设计规范		中国恩菲工程技术有限公司 中国有色金属工业工程建设标准规范管理处
572	GB 50986—2014	干法赤泥堆场设计规范		中国有色工程有限公司 贵阳铝镁设计研究院有限公司

序号	标准编号	标准名称	被代替标准编号	主编单位
573	GB 50987—2014	水利工程设计防火规范		中水珠江规划勘测设计有限公司
574	GB 50988—2014	有色金属工业环境保护工程设计规范		中国瑞林工程技术有限公司
575	GB/T 50989—2014	大型螺旋塑料管道输水灌溉工程技术规范		中国水利水电科学研究院 水利部兰州勘测设计研究院
576	GB 50990—2014	加气混凝土工厂设计规范		武汉建筑材料工业设计研究院有限公司 国家建筑材料工业标准定额总站
577	GB 50991—2014	埋地钢质管道直流干扰防护技术标准		中国石油管道公司沈阳调度中心
578	GB 50992—2014	石油化工工程地震破坏鉴定标准		中国石化工程建设有限公司
579	GB 50993—2014	1000kV 输变电工程竣工验收规范		中国电力企业联合会 国家电网公司
580	GB 50994—2014	工业企业电气设备抗震鉴定标准		中国石化工程建设有限公司
581	GB 50995—2014	冶金工程测量规范		中冶集团武汉勘察研究院有限公司
582	GB 50996—2014	地下水封石洞油库施工及验收规范		中铁隧道集团有限公司
583	GB/T 50997—2014	冷轧电工钢工程设计规范		中冶南方工程技术有限公司
584	GB 50998—2014	乳制品厂设计规范		中国轻工业武汉设计工程有限责任公司
585	GB 51005—2014	水泥工厂余热发电工程施工与质量验收规范		中材节能股份有限公司 国家建筑材料工业标准定额总站
586	GB 51006—2014	石油化工建（构）筑物结构荷载规范		中国石化工程建设有限公司
587	GB/T 51007—2014	石油化工用机泵工程设计规范		中石化上海工程有限公司
588	GB 51008—2016	高耸与复杂钢结构检测与鉴定标准		同济大学 中天建设集团有限公司
589	GB 51009—2014	火炸药生产厂房设计规范		中国兵器工业标准化研究所 中国五洲工程设计集团有限公司
590	GB 51010—2014	铝电解系列不停电停开槽设计规范		中国有色工程有限公司 贵阳铝镁设计研究院有限公司
591	GB 51011—2014	煤矿选煤设备安装工程施工与验收规范		中煤矿山建设集团有限责任公司 平煤神马建工集团有限公司

序号	标准编号	标准名称	被代替标准编号	主编单位
592	GB/T 51012—2014	铀浓缩工厂工艺气体管道工程施工及验收规范		中核新能源核工业工程有限责任公司
593	GB/T 51013—2014	铀转化设施设计规范		中核新能源核工业工程有限责任公司
594	GB 51014—2014	水泥工厂岩土工程勘察规范		建材广州地质工程勘察院 建材桂林地质工程勘察院
595	GB/T 51015—2014	海堤工程设计规范		水利部水利水电规划设计总院 广东省水利水电科学研究院 浙江省水利水电勘测设计研究院
596	GB 51016—2014	非煤露天矿边坡工程技术规范		中勘冶金勘察设计研究院有限责任公司
597	GB 51018—2014	水土保持工程设计规范		水利部水利水电规划设计总院 黄河勘测规划设计有限公司
598	GB 51019—2014	化工工程管架、管墩设计规范		中国石油和化工勘察设计协会 中国石化工程建设有限公司
599	GB 51020—2014	铝电解厂通风除尘与烟气净化设计规范		中国有色工程有限公司 沈阳铝镁设计研究院有限公司
600	GB/T 51021—2014	轻金属冶炼工程术语标准		中国有色工程有限公司 沈阳铝镁设计研究院有限公司
601	GB/T 51023—2014	有色金属冶炼工程建设项目设计文件编制标准		中国恩菲工程技术有限公司 中国有色金属工业工程建设标准规范管理处
602	GB 51024—2014	煤矿安全生产智能监控系统设计规范		中国煤炭建设协会勘察设计委员会 中国煤炭科工集团南京设计研究院有限公司
603	GB/T 51026—2014	石油库设计文件编制标准		中石化洛阳工程有限公司
604	GB/T 51027—2014	石油化工企业总图制图标准		中石化洛阳工程有限公司
605	GB 51029—2014	火炬工程施工及验收规范		中国石油和化工勘察设计协会 陕西化建工程有限责任公司
606	GB 51030—2014	再生铜冶炼厂工艺设计规范		中国有色工程有限公司 中国瑞林工程技术有限公司
607	GB/T 51031—2014	火力发电厂岩土工程勘察规范		中国电力企业联合会 中国电力工程顾问集团华北电力设计院有限公司
608	GB 51032—2014	铁尾矿砂混凝土应用技术规范		中国十七冶集团有限公司 中冶建工集团有限公司
609	GB/T 51033—2014	水利泵站施工及验收规范		中国灌溉排水发展中心
610	GB 51034—2014	多晶硅工厂设计规范		中国有色工程有限公司 中国恩菲工程技术有限公司

序号	标准编号	标准名称	被代替标准编号	主编单位
611	GB 51035—2014	电子工业纯水系统安装与验收规范		工业和信息化部电子工业标准化研究院电子工程标准定额站 中国电子系统工程第二建设有限公司
612	GB 51036—2014	有色金属矿山井巷工程质量验收规范		中国有色金属工业第十四冶金建设公司 金诚信矿业管理股份有限公司
613	GB 51037—2014	微组装生产线工艺设备安装工程施工及验收规范		工业和信息化部电子工业标准化研究院电子工程标准定额站 中国电子科技集团公司第二研究所
614	GB/T 51040—2014	地下水监测工程技术规范		水利部水文局
615	GB 51041—2014	核电厂岩土工程勘察规范		中国核电工程有限公司 电力规划设计总院
616	GB 51042—2014	医药工业废弃物处理设施工程技术规范		中国医药集团重庆医药设计院
617	GB 51043—2014	电子会议系统工程施工与质量验收规范		工业和信息化部电子工业标准化研究院电子工程标准定额站 北京奥特维科技有限公司
618	GB 51044—2014（2017 年版）	煤矿采空区岩土工程勘察规范		中煤科工集团武汉设计研究院有限公司
619	GB 51045—2014	水泥工厂脱硝工程技术规范		中国中材国际环境工程（北京）有限公司 天津水泥工业设计研究院有限公司
620	GB 51047—2014	医药工业总图运输设计规范		中国医药集团联合工程公司
621	GB 51048—2014	电化学储能电站设计规范		中国电力企业联合会 中国南方电网有限责任公司调峰调频发电公司
622	GB 51049—2014	电气装置安装工程串联电容器补偿装置施工及验收规范		中国电力企业联合会 中国电力科学研究院
623	GB/T 51050—2014	钢铁企业能源计量和监测工程技术规范		中冶京诚工程技术有限公司 中冶京诚鼎宇管理系统有限公司
624	GB/T 51051—2014	水资源规划规范		水利部水利水电规划设计总院
625	GB 51052—2014	毛纺织工厂设计规范		中国纺织工业联合会 江苏省纺织工业设计研究院有限公司
626	GB 51053—2014	煤炭工业矿井节能设计规范		煤炭工业合肥设计研究院

序号	标准编号	标准名称	被代替标准编号	主编单位
627	GB 51055—2014	有色金属工业厂房结构设计规范		中国有色金属工业工程建设标准规范管理处 中国瑞林工程技术有限公司 中国有色工程有限公司
628	GB 51056—2014	烟囱可靠性鉴定标准		中冶建筑研究总院有限公司
629	GB/T 51057—2015	种植塑料大棚工程技术规范		农业部规划设计研究院
630	GB 51059—2014	有色金属加工机械安装工程施工与质量验收规范		中国有色工程有限公司 中国十五冶金建设集团有限公司
631	GB 51060—2014	有色金属矿山水文地质勘探规范		中国有色工程有限公司 华北有色工程勘察院有限公司
632	GB/T 51061—2014	电网工程标识系统编码规范		中国电力企业联合会 中国电力工程顾问集团华北电力设计院有限公司
633	GB 51062—2014	煤矿设备安装工程施工规范		中煤矿山建设集团责任有限公司
634	GB/T 51065—2014	煤矿提升系统工程设计规范		中国煤炭协会勘察设计委员会 中煤科工集团沈阳设计研究院有限公司
635	GB 51066—2014	工业企业干式煤气柜安全技术规范		中冶赛迪工程技术股份有限公司
636	GB 51067—2014	光缆生产厂工艺设计规范		工业和信息化部电子工业标准化研究院电子工程标准定额站 中国电子科技集团第八研究所
637	GB/T 51068—2014	煤炭工业露天矿机电设备修理设施设计规范		中煤科工集团沈阳设计研究院有限公司
638	GB 51069—2014	中药药品生产厂工程技术规范		中国医药集团重庆医药设计院
639	GB 51070—2014	煤炭矿井防治水设计规范		中煤科工集团武汉设计研究院有限公司
640	GB/T 51071—2014	330kV ~ 750kV 智能变电站设计规范		国家电网公司
641	GB/T 51072—2014	110（66）kV ~ 220 kV 智能变电站设计规范		国家电网公司
642	GB 51073—2014	医药工业仓储工程设计规范		中国医药集团联合工程有限公司
643	GB/T 51075—2015	选矿机械设备工程安装规范		中国三冶集团有限公司
644	GB 51076—2015	电子工业防微振工程技术规范		工业和信息化部电子工业标准化研究院电子工程标准定额站 中国电子工程设计院
645	GB/T 51077—2015	电动汽车电池更换站设计规范		中国电力企业联合会 国家电网公司

序号	标准编号	标准名称	被代替标准编号	主编单位
646	GB 51078—2015	煤炭矿井设计防火规范		中煤科工集团重庆设计研究院有限公司
647	GB 51081—2015	低温环境混凝土应用技术规范		中国石油和化工勘察设计协会 中国寰球工程公司
648	GB/T 51082—2015	工业建筑涂装设计规范		中国石油和化工勘察设计协会 中国寰球工程公司
649	GB 51084—2015	有色金属工程设备基础技术规范		中国有色金属工业工程建设标准规范管理处 中国恩菲工程技术有限公司
650	GB/T 51085—2015	防风固沙林工程设计规范		国家林业局调查规划设计院
651	GB/T 51086—2015	医药实验工程术语标准		中石化上海工程有限公司
652	GB/T 51087—2015	船厂既有水工构筑物结构改造和加固设计规范		中船第九设计研究院工程有限公司
653	GB/T 51088—2015	丝绸设备工程安装与质量验收规范		中国纺织工业联合会 浙江金鹰股份有限公司
654	GB/T 51089—2015	针织设备工程安装与质量验收规范		中国纺织工业联合会 国家纺织机械质量监督检验中心
655	GB/T 51090—2015	色织设备工程安装与质量验收规范		中国纺织工业联合会 恒天重工股份有限公司
656	GB/T 51091—2015	试听室工程技术规范		工业和信息化部电子工业标准化研究院电子工程标准定额站 北京奥特维科技有限公司
657	GB 51092—2015	制浆造纸厂设计规范		中国海诚工程科技股份有限公司
658	GB 51093—2015	钢铁企业喷雾焙烧法盐酸废液再生工程技术规范		中冶南方工程技术有限公司
659	GB/T 51094—2015	工业企业湿式气柜技术规范		中国石油和化工勘察设计协会 东华工程科技股份有限公司
660	GB 51096—2015	风力发电场设计规范		中国电力企业联合会 中国电力工程顾问集团华北电力设计院工程有限公司
661	GB/T 51097—2015	水土保持林工程设计规范		国家林业局调查规划设计院
662	GB/T 51098—2015	城镇燃气规划规范		北京市煤气热力工程设计院有限公司
663	GB 51099—2015	有色金属工业岩土工程勘察规范		中国有色工程有限公司 中国有色金属工业西安勘察设计研究院
664	GB 51101—2016	太阳能发电站支架基础技术规范		中国电力企业联合会 诺斯曼能源科技（北京）有限公司

序号	标准编号	标准名称	被代替标准编号	主编单位
665	GB 51102—2016	压缩天然气供应站设计规范	GB 50028—2006 第 7 章	中国市政工程华北设计研究院
666	GB/T 51103—2015	电磁屏蔽室工程施工及质量验收规范		工业和信息化部电子工业标准化研究院电子工程标准定额站 常州雷宁电磁屏蔽设备有限公司
667	GB 51104—2015	取向硅钢生产线设备安装与验收规范		中国五冶集团有限公司
668	GB 51105—2015	挤压钢管工程设备安装与验收规范		中国五冶集团有限公司
669	GB/T 51106—2015	火力发电厂节能设计规范		中国电力企业联合会 中国电力工程顾问集团有限公司
670	GB 51107—2015	纤维增强硅酸钙板工厂设计规范		武汉建筑材料工业设计研究院有限公司 国家建筑材料工业标准定额总站
671	GB 51108—2015	尾矿库在线安全监测系统工程技术规范		中国有色金属工业工程建设标准规范管理处 中国有色金属长沙勘察设计院有限公司
672	GB/T 51109—2015	氨纶设备工程安装与质量验收规范		中国纺织工业联合会 江阴中绿化纤工艺技术有限公司
673	GB 51110—2015	洁净厂房施工及质量验收规范		中国电子工程设计院 工业和信息化部电子工业标准化研究院电子工程标准定额站
674	GB/T 51111—2015	露天金属矿施工组织设计规范		八冶建设集团有限公司 九冶建设有限公司
675	GB 51112—2015	针织工厂设计规范		中国纺织工业联合会 河北中纺工程设计有限公司
676	GB 51113—2015	光伏压延玻璃工厂设计规范		蚌埠玻璃工业设计研究院
677	GB 51114—2015	露天煤矿施工组织设计规范		中国煤炭建设协会勘察设计委员会 中煤科工集团沈阳设计研究院有限公司
678	GB 51115—2015	固相缩聚工厂设计规范		上海纺织建筑设计研究院
679	GB/T 51116—2016	医药工程安全风险评估技术标准		中国医药集团重庆医药设计院
680	GB/T 51117—2015	数字同步网工程技术规范		中讯邮电咨询设计院有限公司
681	GB 51118—2015	尾矿堆积坝排渗加固工程技术规范		中冶集团武汉勘察研究院有限公司

序号	标准编号	标准名称	被代替标准编号	主编单位
682	GB 51119—2015	冶金矿山排土场设计规范		中冶北方工程技术有限公司
683	GB 51120—2015	通信局（站）防雷与接地工程验收规范		中国通信建设集团有限公司
684	GB/T 51121—2015	风力发电工程施工与验收规范		中国电力企业联合会 中国长江三峡集团公司
685	GB 51122—2015	集成电路封装测试厂设计规范		工业和信息化部电子工业标准化研究院电子工程标准定额站 信息产业电子第十一设计研究院科技工程股份有限公司
686	GB 51123—2015	光纤器件生产厂工艺设计规范		工业和信息化部电子工业标准化研究院 中国电子科技集团公司第八研究所
687	GB/T 51124—2015	马铃薯贮藏设施设计规范		农业部规划设计研究院
688	GB/T 51125—2015	通信局站共建共享技术规范		中讯邮电咨询设计院有限公司
689	GB/T 51126—2015	波分复用（WDM）光纤传输系统工程验收规范		中国通信建设集团有限公司
690	GB 51127—2015	印制电路板工厂设计规范		工业和信息化部电子工业标准化研究院电子工程标准定额站 中国电子工程设计院
691	GB 51128—2015	钢铁企业煤气储存和输配系统设计规范		中冶华天工程技术有限公司
692	GB/T 51130—2016	沉井与气压沉箱施工规范		上海市基础工程有限公司 舜杰建设（集团）有限公司
693	GB 51132—2015	工业有色金属管道工程施工及质量验收规范		中十冶集团有限公司 二十一冶建设有限公司
694	GB 51133—2015	医药工业环境保护设计规范		中石化上海工程有限公司
695	GB 51134—2015	煤矿瓦斯发电工程设计规范		中国煤炭建设协会勘察设计委员会 煤炭工业合肥设计研究院
696	GB 51135—2015	转炉煤气净化及回收工程技术规范		中冶南方工程技术有限公司
697	GB 51136—2015	薄膜晶体管液晶显示器工厂设计规范		工业和信息化部电子工业标准化研究院电子工程标准定额站 中国电子工程设计院
698	GB 51137—2015	电子工业废水废气处理工程施工及验收规范		工业和信息化部电子工业标准化研究院电子工程标准定额站 中国电子系统工程第二建设有限公司

序号	标准编号	标准名称	被代替标准编号	主编单位
699	GB 51138—2015	尿素造粒塔工程施工及质量验收规范		中国石油和化工勘察设计协会 中化二建集团有限公司
700	GB 51139—2015	纤维素纤维用浆粕工厂设计规范		中国纺织工业联合会 新乡白鹭化纤集团设计研究所
701	GB 51142—2015	液化石油气供应工程设计规范		中国市政工程华北设计研究总院有限公司
702	GB 51143—2015	防灾避难场所设计规范		河北省地震工程研究中心 北京工业大学北京城市与工程安全减灾中心
703	GB 51144—2015	煤炭工业矿井建设岩土工程勘察规范		中煤邯郸设计工程有限责任公司
704	GB 51145—2015	煤矿电气设备安装工程施工与验收规范		中煤矿山建设集团有限责任公司 江苏省矿业工程集团有限公司
705	GB/T 51146—2015	硝化甘油生产废水处理设施技术规范		中国兵器工业标准化研究所
706	GB/T 51147—2015	硝胺类废水处理设施技术规范		中国兵器工业标准化研究所
707	GB/T 51150—2016	城市轨道交通客流预测规范		北京交通发展研究中心
708	GB 51151—2016	城市轨道交通公共安全防范系统工程技术规范		公安部第三研究所
709	GB/T 51152—2015	波分复用（WDM）光纤传输系统工程设计规范		中国移动通信集团设计院有限公司
710	GB/T 51154—2015	海底光缆工程设计规范		中国移动通信集团设计院有限公司
711	GB 51155—2016	机械工程建设项目职业安全卫生设计规范		中国新时代国际工程公司
712	GB 51156—2015	液化天然气接收站工程设计规范		中国寰球工程公司 中石化洛阳工程有限公司
713	GB 51158—2015	通信线路工程设计规范		中讯邮电咨询设计院有限公司
714	GB 51159—2016	色织和牛仔布工厂设计规范		中国纺织工业协会 上海纺织建筑设计研究院
715	GB 51160—2016	纤维增强塑料设备和管道工程技术规范		中国石油和化工勘察设计协会 上海富晨化工有限公司
716	GB 51162—2016	重型结构和设备整体提升技术规范		上海建工股份有限公司 同济大学
717	GB 51164—2016	钢铁企业煤气储存和输配系统施工及质量验收规范		天津二十冶建设有限公司 中国二十冶集团有限公司
718	GB/T 51167—2016	海底光缆工程验收规范		中国移动通信集团设计院有限公司

序号	标准编号	标准名称	被代替标准编号	主编单位
719	GB/T 51169—2016	煤炭工业矿井采掘设备配备标准		北京圆之翰煤炭工程设计有限公司
720	GB 51170—2016	航空工业工程设计规范		中国航空规划设计研究总院有限公司
721	GB 51171—2016	通信线路工程验收规范		中国通信建设集团有限公司
722	GB/T 51172—2016	在役油气管道工程检测技术规范		中国石油天然气股份有限公司管道分公司管道科技研究中心 中石化第十建设有限公司
723	GB 51173—2016	煤炭工业露天矿疏干排水设计规范		大地工程开发（集团）有限公司
724	GB/T 51175—2016	炼油装置火焰加热炉工程技术规范		中国石化工程建设有限公司
725	GB 51176—2016	干混砂浆生产线设计规范		北京建筑材料科学研究总院有限公司 常州市建筑科学研究院股份有限公司
726	GB 51177—2016	升船机设计规范		水利部水利水电规划设计总院 长江勘测规划设计研究院
727	GB/T 51178—2016	建材矿山工程测量技术规范		建材成都地质工程勘察院 沈阳建材地质工程勘察院
728	GB 51179—2016	煤矿井下煤炭运输设计规范		煤炭工业济南设计研究院有限公司
729	GB 51180—2016	煤矿采空区建（构）筑物地基处理技术规范		煤炭工业太原设计研究院
730	GB 51181—2016	煤炭洗选工程节能设计规范		中煤科工集团北京华宇工程有限公司
731	GB 51182—2016	火炸药及其制品工厂建筑结构设计规范		中国五洲工程设计集团有限公司
732	GB/T 51183—2016	农业温室结构荷载规范		农业部规划设计研究院
733	GB 51184—2016	矿山提升井塔设计规范		中国煤炭建设协会勘察设计委员会 煤炭工业合肥设计研究院
734	GB 51185—2016	煤炭工业矿井抗震设计规范		中国煤炭建设协会勘察设计委员会 中煤邯郸设计工程有限责任公司
735	GB 51186—2016	机制砂石骨料工厂设计规范		苏州中材非金属矿工业设计研究院有限公司 中国建筑材料工业规划研究院
736	GB/T 51189—2016	火力发电厂海水淡化工程调试及验收规范		中国电力企业联合会 西安热工研究院有限公司
737	GB/T 51190—2016	海底电力电缆输电工程设计规范		中国电力企业联合会 国网浙江省电力公司

序号	标准编号	标准名称	被代替标准编号	主编单位
738	GB/T 51191—2016	海底电力电缆输电工程施工及验收规范		中国电力企业联合会 国网浙江省电力公司
739	GB/T 51193—2016	聚酯及固相缩聚设备工程安装与质量验收规范		中国纺织工业联合会 中国昆仑工程公司
740	GB 51194—2016	通信电源设备安装工程设计规范		中讯邮电咨询设计院有限公司
741	GB 51195—2016	互联网数据中心工程技术规范		中国移动通信集团设计院有限公司
742	GB/T 51196—2016	有色金属矿山工程测控设计规范		中国有色工程有限公司 中国恩菲工程技术有限公司
743	GB 51197—2016	煤炭工业露天矿节能设计规范		中煤西安设计工程有限责任公司
744	GB/T 51198—2016	微组装生产线工艺设计规范		工业和信息化部电子工业标准化研究院电子工程标准定额站 中国电子科技集团公司第二研究所
745	GB 51199—2016	通信电源设备安装工程验收规范		中国通信建设集团有限公司
746	GB/T 51200—2016	高压直流换流站设计规范		中国电力工程顾问集团中南电力设计院有限公司
747	GB 51201—2016	沉管法隧道施工与质量验收规范		广州市市政集团有限公司 交通运输部广州打捞局
748	GB 51204—2016	建筑电气工程电磁兼容技术规范		上海建筑设计研究院有限公司 上海现代建筑设计（集团）有限公司
749	GB 51205—2016	精对苯二甲酸工厂设计规范		中国纺织工业联合会 中国昆仑工程公司
750	GB 51206—2016	太阳能电池生产设备安装工程施工及质量验收规范		工业和信息化部电子工业标准化研究院电子工程标准定额站 中国电子系统工程第四建设有限公司
751	GB/T 51207—2016	钢铁工程设计文件编制标准		中冶南方工程技术有限公司 中冶长天工程技术有限公司
752	GB 51208—2016	人工制气厂站设计规范		中冶焦耐工程技术有限公司
753	GB 51209—2016	发光二极管工厂设计规范		工业和信息化部电子工业标准化研究院电子工程标准定额站 中国电子工程设计院
754	GB/T 51211—2016	城市轨道交通无线局域网宽带工程技术规范		上海申通轨道交通研究咨询有限公司
755	GB 51213—2017	煤炭矿井通信设计规范		中国煤炭建设协会勘察设计委员会 中煤科工集团南京设计研究院有限公司

序号	标准编号	标准名称	被代替标准编号	主编单位
756	GB 51214—2017	煤炭工业露天矿边坡工程监测规范		中煤科工集团沈阳设计研究院有限公司
757	GB 51215—2017	通信高压直流电源设备工程设计规范		广东省电信规划设计院有限公司
758	GB/T 51216—2017	移动通信基站节能工程技术标准		中讯邮电咨询设计院有限公司
759	GB/T 51217—2017	通信传输线路共建共享技术规范		华信咨询设计研究院有限公司
760	GB/T 51218—2017	机械工业工程设计基本术语标准		中国联合工程公司 上海市机电设计研究院有限公司
761	GB 51219—2017	禽类屠宰与分割车间设计规范		国内贸易工程设计研究院
762	GB 51225—2017	牛羊屠宰与分割车间设计规范		国内贸易工程设计研究院
763	GB 51227—2017	立井钻井法施工及验收规范		中煤矿山建设集团有限责任公司
764	GB/T 51229—2017	矿井建井排水技术规范		湖南楚湘建设工程有限公司 江苏省矿业工程集团有限公司
765	GB/T 51230—2017	绿碱生产污水处理设计规范		中国石油和化工勘察设计协会 中国成达工程有限公司
766	GB 51237—2017	火工品实验室工程技术规范		中国兵器工业标准化研究所 中国五洲工程设计集团有限公司
767	GB/T 51239—2017	粮食钢板筒仓施工与质量验收规范		河南工大设计研究院 郑州市第一建筑工程集团有限公司
768	GB/T 51240—2018	生产建设项目水土保持监测与评价标准		水利部水土保持监测中心
769	GB/T 51241—2017	管道外防腐补口技术规范		中国石油集团工程技术研究有限公司 中国石油集团海洋工程有限公司
770	GB/T 51242—2017	同步数字体系（SDH）光纤传输系统工程设计规范		中讯邮电咨询设计院有限公司
771	GB/T 51243—2017	物联网应用支撑平台工程技术规范		上海邮电设计咨询研究院有限公司
772	GB/T 51244—2017	公众移动通信隧道覆盖工程技术规范		中国移动通信集团设计院有限公司
773	GB/T 51246—2017	石油化工液体物料铁路装卸车设施设计规范		中石化广州工程有限公司
774	GB 51247—2018	水工建筑物抗震设计标准		中国水利水电科学研究院

序号	标准编号	标准名称	被代替标准编号	主编单位
775	GB/T 51248—2017	天然气净化厂设计规范		中国石油工程有限公司西南分公司
776	GB 51249—2017	建筑钢结构防火技术规范		同济大学 中国钢结构协会钢结构防火与防腐分会
777	GB/T 51250—2017	微电网接入配电网系统调试与验收规范		中国电力企业联合会 中国电力科学研究院
778	GB/T 51252—2017	网络电视工程技术规范		上海邮电设计咨询研究院有限公司
779	GB/T 51253—2017	建设工程白蚁危害评定标准		全国白蚁防治中心
780	GB/T 51257—2017	液化天然气低温管道设计规范		中国寰球工程有限公司
781	GB 51258—2017	玻璃纤维工程设计标准		中材科技股份有限公司 中国建筑材料工业规划研究院
782	GB/T 51259—2017	腈纶设备工程安装与质量验收规范		中国纺织工业联合会 北京中丽制机工程技术有限公司
783	GB/T 51264—2017	双向拉伸薄膜工厂设计标准		中国纺织工业联合会 恒天（安徽）建筑设计研究院有限公司
784	GB/T 51265—2018	有线电视网络工程施工与验收标准		中广电广播电影电视设计研究院 北京歌华有线电视网络股份有限公司
785	GB/T 51266—2017	机械工厂年时基数设计标准		中国联合工程有限公司
786	GB 51270—2017	镁冶炼厂工艺设计标准		中国有色工程有限公司 贵阳铝镁设计研究院有限公司
787	GB/T 51272—2018	煤炭工业智能化矿井设计标准		煤炭工业合肥设计研究院
788	GB/T 51273—2018	石油化工钢制设备抗震鉴定标准		中国石化工程建设有限公司
789	GB 51276—2018	煤炭企业总图运输设计标准		中煤西安设计工程有限责任公司
790	GB/T 51277—2018	矿山立井冻结法施工及质量验收标准		中煤特殊凿井有限责任公司 淮北矿业（集团）工程建设有限责任公司
791	GB/T 51278—2018	数字蜂窝移动通信网 LTE 工程技术标准		中国移动通信集团设计院有限公司 中国通信建设集团有限公司
792	GB/T 51279—2018	公众移动通信高速铁路覆盖工程技术标准		华信咨询设计研究院有限公司

序号	标准编号	标准名称	被代替标准编号	主编单位
793	GB/T 51280—2018	工程泥沙设计标准		水利部水利水电规划设计总院 黄河勘测规划设计有限公司
794	GB/T 51281—2018	同步数字体系（SDH）光纤传输系统工程验收标准		中国通信建设集团有限公司
795	GB 51282—2018	煤炭工业露天矿矿山运输工程设计标准		中煤西安设计工程有限责任公司
796	GB 51284—2018	烟气脱硫工艺设计标准		中国恩菲工程技术有限公司
797	GB 51287—2018	煤炭工业露天矿土地复垦工程设计标准		中煤科工集团北京华宇工程有限公司
798	GB/T 51288—2018	矿山斜井冻结法施工及质量验收标准		中煤第五建设有限公司 兖矿新陆建设发展有限公司
799	GB 51289—2018	煤炭工业露天矿边坡工程设计标准		中国有色工程有限公司 京诚信矿业管理股份有限公司
800	GB 51291—2018	共烧陶瓷混合电路基板厂设计标准		工业和信息化部电子工业标准化研究院 中国电子科技集团公司第二研究所
801	GB/T 51292—2018	无线通信室内覆盖系统工程技术标准		北京电信规划设计院有限公司
802	GB/T 51296—2018	石油化工工程数字化交付标准		中国石化工程建设有限公司 中国寰球工程有限公司
803	GB/T 51297—2018	水土保持工程调查与勘测标准		水利部水利水电规划设计总院 长江勘测规划设计研究院有限公司
804	GB 51299—2018	铋冶炼厂工艺设计标准		中国有色工程有限公司 长沙有色冶金设计研究院有限公司
805	GB/T 51300—2018	非煤矿山井巷工程施工组织设计标准		中煤科工集团沈阳设计研究院有限公司
806	GB/T 51301—2018	建筑信息模型设计交付标准		中国建筑标准设计研究院有限公司
807	GB/T 51302—2018	架空绝缘配电线路设计标准		中国电力企业联合会 国网北京市电力公司
808	GB/T 51303—2018	船厂工业地坪设计标准		中船第九设计研究院工程有限公司
809	GB/T 51304—2018	小型水电站施工安全标准		水利部农村电气化研究所
810	GB/T 51305—2018	码头船舶岸电设施工程技术标准		交通运输部水运科学研究所
811	GB/T 51307—2018	塔式太阳能光热发电站设计标准		中国电力企业联合会 中国能源建设集团有限公司工程研究院

序号	标准编号	标准名称	被代替标准编号	主编单位
812	GB/T 51311—2018	风光储联合发电站调试及验收标准		国网冀北电力有限公司
813	GB/T 51312—2018	船舶液化天然气加注站设计标准		陕西省燃气设计院有限公司 中交第四航务工程勘察设计院有限公司
814	GB/T 51313—2018	电动汽车分散充电设施工程技术标准		中国电力企业联合会 国家电网公司
815	GB/T 51314—2018	数据中心基础设施运行维护标准		中国建筑标准设计研究院有限公司 工业和信息化部电子工业标准化研究院
816	GB/T 51315—2018	射频识别应用工程技术标准		工业和信息化部电子工业标准化研究院电子工程标准定额站 太极计算机股份有限公司
817	GB/T 51316—2018	烟气二氧化碳捕集纯化工程设计标准		中石化石油工程设计有限公司
818	GB/T 51319—2018	医药工艺用气系统工程设计标准		国药集团重庆医药设计院有限公司
819	GB/T 51320—2018	建设工程化学灌浆材料应用技术标准		中国电力企业联合会 中国葛洲坝集团股份有限公司
820	GB/T 51321—2018	电子工业厂房综合自动化工程技术标准		工业和信息化部电子工业标准化研究院 中国电子系统技术有限公司
821	GB/T 51322—2018	建筑废弃物再生工厂设计标准		新奥生态环境治理有限公司 福建南方路面机械有限公司
822	GB/T 51323—2018	核电厂建构筑物维护及可靠性鉴定标准		中冶建筑研究总院有限公司 环境保护部核与辐射安全中心
823	GB/T 51325—2018	煤焦化粗苯加工工程设计标准		煤焦化粗苯加工工程设计标准
824	GB 51326—2018	钛冶炼厂工艺设计标准		中国有色工程有限公司 贵阳铝镁设计研究院有限公司
825	GB/T 51331—2018	煤焦化焦油加工工程设计标准		中冶焦耐（大连）工程技术有限公司 中冶焦耐工程技术有限公司
826	GB/T 51332—2018	含硝基苯类化合物废水处理设施工程技术标准		北京北方节能环保有限公司 中国兵器工业标准化研究所
827	GB 51333—2018	厚膜陶瓷基板生产工厂设计标准		工业和信息化部电子工业标准研究院 中国电子科技集团公司第五十五研究所
828	GB/T 51338—2018	分布式电源并网工程调试与验收标准		中国电力科学研究院有限公司
829	GB/T 51339—2018	非煤矿山采矿术语标准		中国有色工程有限公司 中国恩菲工程技术有限公司

序号	标准编号	标准名称	被代替标准编号	主编单位
830	GB/T 51340—2018	核电站钢板混凝土结构技术标准		中冶建筑研究院有限公司 中核工业第二建设有限公司
831	GB/T 51341—2018	微电网工程设计标准		中国电力企业联合会 国家电网公司
832	GB/T 51342—2018	电子工程节能施工质量验收标准		工业和信息化部电子工业标准化研究院
833	GB/T 51343—2018	真空电子器件生产线设备安装技术标准		工业和信息化部电子工业标准化研究院 中国真空电子行业协会